U0317159

# 制药工程专业实验

主　编　李　潇　洪海龙
副主编　景慧萍　田　春　田志会

天津大学出版社
TIANJIN UNIVERSITY PRESS

**图书在版编目(CIP)数据**

制药工程专业实验 / 李潇，洪海龙主编. — 天津：
天津大学出版社，2018.7
ISBN 978-7-5618-6188-2

Ⅰ.①制… Ⅱ.①李… ②洪… Ⅲ.①制药工业－化
学工程－实验－高等学校－教材 Ⅳ.①TQ46-33

中国版本图书馆CIP数据核字(2018)第161009号

| | | |
|---|---|---|
| **出版发行** | 天津大学出版社 |
| **地　　址** | 天津市卫津路92号天津大学内(邮编:300072) |
| **电　　话** | 发行部:022-27403647 |
| **网　　址** | publish.tju.edu.cn |
| **印　　刷** | 北京虎彩文化传播有限公司 |
| **经　　销** | 全国各地新华书店 |
| **开　　本** | 185mm×260mm |
| **印　　张** | 9.25 |
| **字　　数** | 250千 |
| **版　　次** | 2018年7月第1版 |
| **印　　次** | 2018年7月第1次 |
| **定　　价** | 25.00元 |

# 前　言

本书以普通高等学校制药工程专业实验的教学内容为依据,遵从制药行业的发展方向,结合新版《中华人民共和国药典》,以培养应用型制药工程人才为目标编写而成。全书共分为六部分。第一部分是制药工程实验室基本要求和基本规则;第二部分是制药工程常用技术及仪器;第三部分为化学制药实验;第四部分为中药制药实验;第五部分为药物制剂实验;第六部分为药物分析实验。全书共收集了 24 个实验,这些实验易于在实验室进行,内容符合药物生产的绿色理念;每个实验都从实验目的、实验原理、仪器与材料、实验方法与步骤、注意事项和思考题等方面详细地阐述。本书内容编排符合教学规律和认知规律,有利于培养学生的学习能力、实践能力和创新能力。

本书由内蒙古工业大学制药工程专业的教师编写,编写人员具有多年实验教学经验,对制药工程专业实验的教学特点深有体会。在编写过程中参考了国内外专家和学者的科研成果与著作,并结合我校制药工程专业多年的教学实践经验对内容进行了整合与优化,在此特向相关作者表示衷心的感谢。

本书可以作为制药工程专业及相关专业学生的实验教材,也可供制药工程相关的实验、科研人员参考使用。

由于编写时间、编者水平和经验有限,书中难免存在不足之处,恳请广大读者给予批评指正,提出宝贵意见,以便今后修正、完善。

编者

2018 年 5 月

# 目　录

# 第一部分 制药工程实验室基本要求和基本规则

制药工程专业实验是一门实践性课程,是制药工程专业的学生学习的重要内容之一。化学制药、生物制药、中药制药、药物制剂和药物分析实验一般都在实验室进行。实验中用到的试剂大多数是有毒、易燃、易爆、有腐蚀性的化学品,仪器大多数是易碎的玻璃仪器,还常使用电气设备及精密仪器设备等,若粗心大意或操作不慎,就容易发生事故。因此,为了保证实验的顺利进行和实验室的安全,必须了解和掌握实验室的基本情况、实验室安全知识以及实验过程中必须注意的问题。

## 一、实验安全守则

(1)不准赤脚、穿背心或拖鞋进入实验室,严禁在实验室吸烟或吃食物,不喝实验室水龙头流出的水,实验结束后要仔细洗手。

(2)使用电器时不能用湿手插拔插头,电器设备的金属外壳应接地线,实验完毕后应先切断电源,再拆卸装置。

(3)熟悉安全用具(如灭火器材、沙箱及急救药箱)的放置地点和使用方法。

(4)严禁在实验室随地吐痰、乱扔脏物、大声喧哗。

(5)实验开始前应检查仪器是否完整无损、装置安装是否正确,经检查没有问题后方可进行实验。

(6)在实验进行中不得随便离开,要经常观察反应进行的情况,装置有无泄漏、堵塞或破裂等现象,实验是否正常。

(7)在实验中注意安全,如仪器、设备出现气味异常、打火、冒烟、发热、振动等现象,立即切断电源,关闭仪器,并报告指导教师。

(8)禁止用手直接取用任何化学药品。使用有毒药品时除用药匙、量器外,必须佩戴橡胶手套,以避免药品与皮肤直接接触。实验结束后及时清洗仪器并用肥皂等洗涤用品洗手。

(9)保持实验室整洁,自始至终保持桌面、地面、水池清洁,书包、衣物及与实验无关的药品应放在指定地点。公用仪器、药品用完要放回原处。做完实验,经指导教师审查数据后方可离开实验室。

(10)爱护仪器,节约药品,取完药品要盖好瓶盖,仪器损坏及时报损。使用仪器必须严格按照操作规程操作,以防止仪器损坏。在实验中出现错误必须报告老师,恰当处理。

（11）不得将实验中所用的仪器、药品带出实验室。

（12）实验结束后，值日生要做好清洁工作，检查实验室安全，关好门、窗、水、电、煤气。

## 二、实验必须注意的问题

在实验课前要认真预习，写好预习报告，初步了解实验目的、实验原理，对操作方法及步骤心中有数；要及时记录观察到的现象、结果及数据。记录要准确、客观，切忌夹杂主观因素。真实的记录才是结果分析的可靠依据，切勿根据课本知识作虚假记录。应该清楚地记录实验中配制溶液的过程、加样的体积、所用仪器的类型以及规格、药品的浓度等。教师应认真检查每位同学的预习情况。

实验结束后，应及时整理和总结实验数据，写实验报告。实验报告应包括标题、实验目的及原理、材料和仪器、流程和操作、实验结果及讨论。其中核心内容是实验结果及讨论。讨论是对整个实验过程、实验结果的总结、分析，既可对得到的正常结果和出现的异常现象进行分析，又可对思考题进行思考和讨论，还可对实验设计、实验方法提出合理的改进意见。

## 三、事故的预防和急救措施

### 1. 火灾

在实验过程中，经常会使用一些易挥发、易燃的有机试剂，可能发生火灾事故。因此，不得将易燃液体存于敞口容器内，如需加热必须使用装有回流冷凝管的装置，并采用间接加热的方式；不可在加热过程中投入沸石，以防暴沸；切不可将其倒入下水道，以免集聚引起火灾。转移易燃液体时应远离火源。

如果意外失火，不要惊慌，应立即采取措施：迅速切断电源，熄灭火源，移开周围的易燃物品，就近使用灭火器材进行灭火。如容器内的溶剂起火，可以使用石棉网、湿抹布、玻璃或金属盖等盖住容器，不要用嘴吹；地板和桌面上烧着的液体应用细沙盖熄；电器起火，切断电源后用灭火器灭火；若衣服着火，切勿乱跑，应用厚外衣熄灭，情况危急时也可以就地打滚或用毛毯裹住，隔绝空气而使火熄灭，若火势较大则用水冲淋或者用灭火器灭火。如发生较大的火灾事故，应立即报告有关部门或拨打 119 报警。

### 2. 爆炸

为了防止爆炸事故的发生，使用易燃、易爆或遇水易燃、易爆的物质时应特别小心，必须严格按照操作规程操作。常压操作时应保持系统与大气相通，经常检查仪器装置的各部分有无堵塞现象；减压操作时不得使用不耐压的仪器（如锥形瓶、平底烧瓶、薄壁试管等）；切勿使易燃、易爆的气体接近火源，有机溶剂的蒸气与空气相混时极为危险，热的表面或火花、电花都可能引起爆炸。

### 3. 割伤

玻璃仪器或材料使用不当会发生破损，有时会导致割伤事故。若被割伤，一般先把玻璃碎片从伤口处取出,用水清洗伤口并消毒后涂抹红药水或碘酒,再用消毒纱布包扎;若伤口较大、较深,应用纱布包扎或按住动脉防止大量出血,并立即去医院治疗。

### 4. 烫伤

不要用手触摸未冷却的玻璃管;烘干的玻璃仪器待冷却后再拿。如被烫伤皮肤未破,可涂抹甘油或饱和碳酸氢钠溶液;皮肤破了建议立即去医院治疗。

### 5. 化学灼伤

为防止化学灼伤的发生,不可以用手直接接触化学药品,转移药品应小心进行,若不慎洒在桌面或者地面上,应立即清除干净。如被酸灼伤,先用大量水冲洗,再用饱和碳酸氢钠溶液冲洗;若酸液溅入眼内,用大量水冲洗后去医院处理。如被碱灼伤,先用大量水冲洗,再用饱和醋酸溶液或者饱和硼酸溶液冲洗,最后用水冲洗;若碱液溅入眼内,用硼酸溶液冲洗后去医院处理。

### 6. 触电

遇到有人触电,首先切断电源,必要时对触电者进行人工呼吸,拨打120或直接将其送往医院。

### 7. 中毒

为了防止中毒,应保持实验室内空气流通,不要在实验室内吃东西,不要用手直接拿取药品,若手沾染药品应立即冲洗干净,实验结束后必须将手洗干净。如有中毒症状(头晕、恶心等),中毒者应立即到空气新鲜的地方休息,严重者立即送往医院治疗;如不慎使毒物误入口中,将5~10 mL稀硫酸铜溶液加入一杯温水中口服,然后用手指深入喉咙进行催吐,并及时拨打120或者直接送往医院。

## 四、实验预习、实验记录和实验报告

### 1. 实验预习

实验预习是实验的重要环节之一,对实验成功与否、收获大小起着关键的作用。在实验前必须对所做的实验有尽可能全面和深入的认识,包括实验目的、实验原理、实验所需的设备和仪器、实验操作步骤和要领、实验中可能出现的现象及危险因素等。只有在实验前充分预习,才能在实验过程中做到有条不紊,才能深刻体会和应用所学的理论,才能掌握实验中的关键问题,从而得到好的实验结果;否则,必然在实验中忙乱不堪,照单抓药,不但得不到高的收率,而且实验过后很快就会忘记实验内容,甚至存在事故隐患。

因此,对每一个实验,都必须依次预习如下内容:实验目的及要求、实验原理及基本知识点、实验设备及原料、实验中应该注意的问题。实验预习报告示例见表1-1。

认真阅读实验教材,在进行实验前完成实验预习报告,并提交给实验指导教师,经其审阅同意后方可进行实验。

**表 1-1  实验预习报告示例**

<table>
<tr><td colspan="1">

实验预习报告

实验名称：
专业名称：　　班级：　　姓名：
学　号：　　预习报告完成日期：


一、实验目的及要求




二、实验原理及基本知识点





三、实验设备及原料





四、实验中应该注意的问题



</td></tr>
</table>

## 2. 实验记录

在实验中，必须按实验原始记录的基本格式和内容认真观察和记录。实验原始记录一般以书写为主，必要时也可以辅以其他记录方式，如用记录纸记录、用自动采集和存储信息的计算机或工作站记录等。

实验记录是反映实验进行和完成情况的基本数据，完整、详细地记录实验数据、现象及结果对实验成功有很大的帮助。开始做实验的时候应该把实验记录单放在旁边，以便把所完成的操作和观察到的现象及时记录在实验记录单上。记录要用不褪色的碳素笔，书写工整，使用规范的专业术语，计量单位采用国际标准计量单位。记录的数据不允许随意删除、修改，若需更正要注明修改时间和原因，且修改处不能完全涂黑，要保证能够辨认修改前的记录。每次实验后应由指导教师和记录人签字。实验原始记录示例见表 1-2。

**表 1-2　实验原始记录示例**

| 实验原始记录 | | |
|---|---|---|
| 实验名称： | | |
| 班　　级：　　　姓　　名：　　　学　　号： | | |
| 指导教师：　　　实验日期：　　　开始时间： | | |
| 实验地点：　　　　室内温度： | | |
| 实验流程 | | |
| 实验操作及记录 | | |
| 时间 | 操作 | 现象 |
| | | |
| | | |

## 3. 实验报告

实验操作完成后,必须对实验进行总结,即讨论观察到的实验现象、分析出现的问题及整理归纳实验数据等。这是把各种实验现象提高到理性认识的必要步骤,因此必须如实、准确、认真地填写,文字要精练,图要准确,讨论要认真。对实验步骤的描述不应照抄书上的内容,应该对所做实验的内容进行概要的描述。在实验报告中还应完成指定的思考题。实验报告示例见表 1-3。

表 1-3　实验报告示例

实验报告

实验名称：

班　　级：　　　　姓名：　　　　学号：

实验日期：　　　　　　实验地点：

流程及操作

结果分析与数据处理

结果讨论

思考题

# 第二部分　制药工程常用技术及仪器

## 第一节　制药工程常用技术

### 一、减压过滤

减压过滤（vacuum filtration）又称吸滤、抽滤，是用真空泵或抽气泵将抽滤瓶中的空气抽走而产生负压的操作，具有过滤速度快、液体和固体分离得较完全、滤出的固体容易干燥的优点。减压过滤装置由循环水式真空泵、布氏漏斗、抽滤瓶等组成。减压过滤操作过程如下。

（1）安装仪器。漏斗管下端的斜口朝向抽气嘴，但不可靠得太近，以免将滤液从抽气嘴抽走。检查布氏漏斗与抽滤瓶之间连接是否紧密，抽气泵连接口是否漏气。

（2）修剪滤纸，使其略小于布氏漏斗，但要把所有的孔都覆盖住，然后滴加蒸馏水使滤纸与漏斗紧密贴合。

（3）用玻璃棒引流，将固液混合物转移到滤纸上。

（4）打开抽气泵开关，开始抽滤。

（5）若固体需要洗涤，可将少量溶剂洒到固体上，静置片刻，再将其抽干。

（6）过滤完之后先拔下抽滤瓶的接管，然后关抽气泵。

（7）从漏斗中取出固体时，应将漏斗从抽滤瓶上取下，左手握漏斗管，倒转，用右手拍击左手，使固体连同滤纸一起落到洁净的纸片或表面皿上，然后揭去滤纸，对固体进行干燥处理。

### 二、重结晶

重结晶（recrystallization）是利用混合物中的各组分在某种溶剂中溶解度不同或在同一溶剂中不同温度时的溶解度不同而将它们分离的操作，它是分离提纯固体化合物的一种重要的、常用的分离方法。重结晶操作过程如下。

#### 1. 选择合适的溶剂

在重结晶时，选择合适的溶剂是一个关键问题。必须考虑被溶解物质的成分和结构，结构相似者相溶，不似者不溶。例如，极性化合物一般易溶于水、醇、酮和酯等极性溶剂，而在非极性溶剂如苯、四氯化碳等中难溶解得多。合适的溶剂必须符合下列条件：

（1）不与被提纯物质起化学反应；

（2）在较高温度下能溶解大量被提纯物质，而在室温或低温下溶解量很小；

（3）对杂质溶解量非常大或者非常小，前一种情况是使杂质留在母液中不随被提纯物质晶体一同析出，后一种情况是使杂质在热过滤的时候被滤去；

（4）容易和重结晶物质分离；

（5）价廉、易得、无毒。

重结晶常用的溶剂见表 2-1。要选择合适的溶剂，除可以查阅化学手册外，还可以采用实验的方法。方法是：取 0.1 g 目标物质放于一支小试管中，滴加约 1 mL 溶剂，加热至沸腾。若样品完全溶解，且冷却后能析出大量晶体，这种溶剂是合适的；如样品在冷时或温热时都能溶于 1 mL 溶剂中，则这种溶剂不合适；若样品不溶于 1 mL 沸腾的溶剂，再分批加入溶剂样品仍不溶解，这种溶剂也不合适；若样品溶于 3 mL 以内的热溶剂，但冷却后无结晶析出，这种溶剂也不合适。

**表 2-1　重结晶常用的溶剂**

| 溶剂 | 沸点 /℃ | 相对密度 | 与水的混溶性 |
| --- | --- | --- | --- |
| 水 | 100 | 1.00 | + |
| 甲醇 | 64.96 | 0.79 | + |
| 乙醇（95%） | 78.1 | 0.80 | + |
| 冰醋酸 | 117.9 | 1.05 | + |
| 丙酮 | 56.2 | 0.79 | + |
| 乙醚 | 34.1 | 0.71 | − |
| 石油醚 | 30~60 | 0.64 | − |
| 乙酸乙酯 | 77.06 | 0.90 | − |
| 苯 | 80.1 | 0.88 | − |

注："+"表示溶解；"−"表示不溶解。

如果物质易溶于某一种溶剂而难溶于另一种溶剂，且这两种溶剂互溶，就可以用两者配成的混合溶剂进行实验。常用的混合溶剂有乙醇与水、丙酮与水、乙醚与石油醚、苯与乙醚等。

**2. 将粗产物用所选溶剂加热溶解制成饱和或近饱和溶液**

当用有机溶剂进行重结晶时，需使用回流装置。将待重结晶的粗样品置于圆底烧瓶或锥形瓶中，加入比需要量略少的溶剂，开动搅拌器，开启冷凝水，加热至沸腾，观察样品的溶解情况。若样品未完全溶解可分次补加溶剂，每次加入后均需再加热使溶液沸腾，直至样品全部溶解。此时若溶液澄清，无不溶性杂质，即可撤去热源，在室温下放置，使晶体析出。

以水为溶剂进行重结晶时，可以烧杯为容器，在磁力搅拌器上加热，其他操作同前，只是需估计并补加因蒸发而损失的水。如果所用溶剂是水与有机溶剂的混合溶剂，则按照有机溶剂处理。

### 3. 趁热过滤

所得到的饱和溶液中如有不溶性杂质,应趁热过滤,防止其在过滤中由于温度降低而析出结晶。过滤完毕,用少量溶剂冲洗一下滤纸,若滤纸上析出的结晶较多,可小心地将结晶刮回抽滤瓶中,用少量溶剂溶解后再过滤。

### 4. 加活性炭脱色

若溶液中存在有色杂质或树脂状物质、悬浮状微粒,难以通过一般过滤除去,可向溶液中加入活性炭脱色剂。活性炭对水溶液脱色效果好,对非极性溶液脱色效果较差。不能向沸腾的溶液中加入活性炭,以免溶液暴沸而溅出。一般来说,应待溶液稍冷后再加入活性炭较安全。

活性炭的用量以能完全除去颜色为度。为了避免过量,应少量多次加入。每加一次后都须再把溶液煮沸片刻,然后用布氏漏斗趁热过滤。如一次脱色效果不好,可用少量活性炭再处理一次。过滤时可用表面皿覆盖漏斗,以减少溶剂挥发。过滤后如发现滤液中有活性炭,应重新过滤,必要时可以使用双层滤纸。

### 5. 冷却、结晶

静置等待结晶时,必须使过滤的热溶液慢慢地冷却,这样所得的结晶比较纯净。切不可将滤液置于冷水中迅速冷却,因为这样形成的结晶较细,而且容易夹有杂质。有时晶体不易析出,可用玻璃棒摩擦瓶壁或加入少量该溶质的结晶。

如果被纯化的物质不析出晶体而析出油状物,那是因为热的饱和溶液的温度比被提纯物质的熔点高或者接近。油状物中所含杂质较多,可重新加热溶液至成为清液后让其自然冷却,开始产生油状物时立即剧烈搅拌使油状物分散,也可搅拌至油状物消失。

### 6. 抽滤、洗涤

通过减压抽滤把结晶从母液中分离出来,用少量溶剂润湿晶体,继续抽滤、干燥。抽滤时,布氏漏斗以橡胶塞与抽滤瓶相连,漏斗下端的斜口正对抽滤瓶的支管,将抽滤瓶与水泵相连。在布氏漏斗中铺一张比漏斗底部略小的圆形滤纸,过滤前用溶剂润湿滤纸,打开水泵,抽气,使滤纸紧贴在漏斗上,把要过滤的混合物倒入布氏漏斗中,使固体物质均匀分布在整个滤纸面上,用少量滤液将黏附在容器壁上的结晶洗出,继续抽气,尽量除去母液。当布氏漏斗下端不再滴出溶剂时,拔掉抽滤瓶的接管,关闭气泵,过滤得到的固体习惯上被称为滤饼。为了除去结晶表面的母液,应洗涤滤饼。将少量干净的溶剂均匀洒在滤饼上,用玻璃棒或刮刀轻轻翻动晶体,使全部结晶刚好被溶剂浸润(注意不要使滤纸松动),打开气泵,抽去溶剂,重复操作两次,就可把滤饼洗净。

### 7. 干燥

纯化后的晶体表面还吸附有少量溶剂,应根据实际情况自然晾干或用烘箱烘干。量较大或易吸潮、易分解的产品可放在真空恒温干燥箱中干燥。

## 三、干燥

干燥(drying)是除去附着在固体上或混杂在液体、气体中的少量水分的操作,也包括除去少量溶剂。在合成实验中，有机物在进行定性、定量化学分析之前以及固体有机物在测熔点前，都必须完全干燥，否则会影响结果的准确性。有一些合成反应需要在无水条件下进行，不仅所有的原料和溶剂都应该经过干燥，而且要防止空气中的水分进入反应系统。因此，干燥是一种普遍而又重要的操作。制药工程专业实验主要涉及固体的干燥和无水条件下的合成反应，下面主要介绍这两种干燥操作。

**1. 固体的干燥**

固体的干燥主要是除去固体中残留的水分以及有机溶剂，可以根据物质的性质选择适当的方法。

1）自然干燥

自然干燥是最简单、最经济的一种干燥方法。遇热易分解或含有易燃、易挥发溶剂的物质可以放在表面皿或其他敞口容器中，在空气中自然晾干。应当注意的是，此方法难以除尽样品中的少量水分。

2）加热干燥

为了加快干燥速度，热稳定性好、熔点较高的固体物质可使用烘箱烘干，但是加热温度应低于固体物质的熔点，且需随时翻动，以免固体物质结块、熔化或分解、变色。

3）干燥器干燥

（1）普通干燥器干燥。普通干燥器中有多孔瓷板，瓷板下面根据要求放入不同的干燥剂。常用的干燥剂有浓硫酸（可吸除水分和碱性物质）、无水氯化钙（可吸除水分和醇类等）、氢氧化钾（可吸除水分、酸类、酚类和酯类）、生石灰或碱石灰（可吸除水分和酸类）、石蜡（可吸除乙醚、氯仿、苯和石油醚等有机溶剂的蒸气）、硅胶（可吸除水分，但作用较慢）、氧化铝（可吸除水分）、五氧化二磷（可强烈地吸除水分）。瓷板上面放置盛有待干燥样品的表面皿等。该方法干燥样品所需时间较长，效率不高，一般仅用于保存易吸潮的固体。普通干燥器是具有磨口盖子的厚质玻璃器皿，打开时一定要小心，防止摔碎。

（2）真空干燥器干燥。真空干燥器是顶部带有玻璃活塞的普通干燥器，从此处用真空泵抽真空可使干燥器内的压强降低，夹杂在固体中的液体更容易汽化而被干燥剂所吸附，所以可以提高干燥效率。抽真空时真空度不宜过高，以防干燥器炸碎；抽气时应注意水压变化，以免水倒流至干燥器内。

**2. 无水条件下的合成反应**

某些合成反应要求无水操作，除仪器、药品需干燥外，反应系统亦要求无水。一般用干燥管将反应系统与外界大气隔开，干燥管内封装着干燥剂。反应中常用的是氯化钙干燥管。

氯化钙干燥管的装法及使用中的注意事项：在干净、干燥的干燥管底部垫少量棉花，将颗粒状的氯化钙装入，装量约为干燥管体积的 2/3，轻轻摇动干燥管，将氯化钙装得均匀、致密，上面再盖一点儿棉花。

## 四、固液萃取

固液萃取（solid-liquid extraction）是用适当的溶剂或适当的方法将固体原料中的可

溶性组分溶解,使其进入液相,再将不溶性固体与溶液分开的操作,其实质是溶质由固相传递至液相的传质过程。目前,固液萃取在制药生产中有着广泛的应用,如中草药有效成分的提取。提取时要将所要的组分尽可能完全提出,将不要的成分尽可能少提出,但用任何一种溶剂或任何一种方法提取得到的提取液或提取物仍然是包含几种化学成分的混合物,需进一步分离和精制。

**1. 固液萃取的方法**

1)煎煮法

煎煮法是将药材加水煎煮取汁的方法。其一般操作过程如下:将药材适当切碎或粉碎,置于适宜的煎煮容器中,加适量水浸没药材,浸泡适宜的时间后加热至沸腾,浸出一定的时间,分离煎出液,药渣依法煎煮 2~3 次,收集各煎出液,离心分离或沉降过滤后低温浓缩至规定的浓度。稠膏的相对密度一般热测( 80~90 ℃)为 1.30~1.35。为了减小颗粒剂的服用量和引湿性,常采用水煮醇沉淀法,即将水煎出液蒸发至一定的浓度(一般相对密度为 1 左右),冷却后加入 1~2 倍量的乙醇,充分混匀,放置过夜,使其沉淀,次日取其上清液(必要时过滤),沉淀物用少量 50%~60% 的乙醇洗净,洗液与滤液合并,减压回收乙醇后浓缩至一定的浓度,然后移至冷处( 或加一定量的水,混匀)静置一定的时间,使沉淀完全,再过滤,滤液低温蒸发浓缩至呈稠膏状。

煎煮法适用于有效成分能溶于水,且对湿、热均较稳定的药材。煎煮法为目前颗粒剂生产中最常用的方法,除醇溶性药物外,所有颗粒剂药物的提取和制稠膏均采用此法。

2)浸渍法

浸渍法是把药材用适当的溶剂在常温或温热条件下浸泡,使有效成分浸出的方法。其一般操作过程如下:将药材粉碎成粗末或切成饮片,置于有盖容器中,加入规定量的溶剂后密封,搅拌或振荡,浸渍 3~5 h 或规定的时间,使有效成分充分浸出,倾取上清液,过滤,压榨残液,合并滤液和压榨液,静置 24 h,过滤。

浸渍法适用于有黏性、无组织结构、新鲜、易于膨胀的药材,尤其适用于有效成分遇热易挥发或易被破坏的药材。该法具有操作周期长、浸出溶剂用量较大、浸出效率低、不易完全浸出等缺点。

3)渗漉法

渗漉法是将适当加工的药材粉末装于渗漉器内,从渗漉器上部添加溶剂,溶剂透过药材层往下流动,从而浸出药材有效成分的方法。其一般操作过程如下:先将药材粉末放在有盖容器内,再加入药材量 60%~70% 的浸出溶剂均匀润湿,密闭,放置 15 min 至数小时,使药材充分膨胀,以免在渗漉筒内膨胀;取适量脱脂棉,用浸出液润湿后轻轻垫铺在渗漉筒的底部,然后将已润湿膨胀的药粉分次装入渗漉筒中,每次装入后都均匀压平,松紧程度根据药材及浸出溶剂而定,装完后用滤纸或纱布覆盖,并加入一些玻璃珠、石块之类的重物,以免加溶剂时药粉浮起;打开渗漉筒的浸出液出口活塞,从上部缓缓加入溶剂至高出药粉数厘米,加盖放置浸渍 24~48 h,使溶剂充分渗透扩散。溶剂渗入药材细胞中溶解大量可溶性物质之后,浓度、密度增大而向下移动,上层的浸出溶剂或较稀的浸出溶媒置换其位置,形成较大的细胞壁内外浓度差。渗漉法的浸出效果及提取程度均优于浸渍法。渗漉法对药材粒度及工艺条件的要求较高,一般渗漉液的流出速度以 1 kg 药材计算,慢速浸出以 1~3 mL/min 为宜;快速浸出以 3~5 mL/min 为宜。在渗漉过程中应随时补充溶剂,使药材中的有效成分充分浸出。浸出溶剂用量一般为药材粉末量的 4~8 倍。

4)回流法

回流法以乙醇等易挥发的有机溶剂为提取溶媒,对药材和提取溶媒进行加热,其中的挥发性溶剂馏出后又被冷凝,重新回到浸出器中参与浸提过程,循环进行,直至有效成分浸提基本完全。

5)水蒸气蒸馏法

水蒸气蒸馏法是将含有挥发性成分的药材与水共蒸馏,使挥发性成分随水蒸气一并馏出,经冷凝分取挥发性成分的方法。该法适用于具有挥发性、能随水蒸气蒸馏而不被破坏、在水中稳定且难溶或不溶于水的药材成分的浸提。水蒸气蒸馏法可分为共水蒸馏法、通水蒸气蒸馏法和水上蒸馏法。

6)新型萃取方法

超临界萃取、超声波萃取和微波萃取等均属于新型萃取方法,具有效率高、能耗低、提取率高、产品质量好的特点。

**2. 影响固液萃取的因素**

1)粉碎度

溶剂提取过程包括浸润、渗透阶段,解吸、溶解阶段和扩散、置换阶段,药材粉末越细,药粉颗粒比表面积越大,提取过程进行得越快,提取效率越高。但是粉末过细、比表面积太大,吸附作用增强,反而影响扩散。含蛋白质、多糖成分较多的药材用水提取时,粉末细虽有利于有效成分的提取,但蛋白质和多糖等杂质也溶出较多,使提取液变得黏稠,导致过滤困难,影响有效成分的提取和进一步分离。因此,用水提取时通常先将药材制成粗粉或薄片,用有机溶剂提取时原料粉末可以略细,以能通过 20 目筛为宜。

2)温度

温度升高,分子运动加快,溶解、扩散速率增大,有利于有效成分的提取,所以热提常比冷提效率高。但温度过高,有些成分会被破坏,杂质也会增多。故一般加热不超过 60 ℃,最高不超过 100 ℃。

3)提取时间

有效成分的提取量随提取时间延长而增加,直到药材细胞内外有效成分的浓度达到平衡为止,故在生产中不必无限延长提取时间。

# 五、薄层色谱

薄层色谱(thin layer chromatography, TLC)是把吸附剂均匀地铺在玻璃板或塑料板上形成薄层,点样后展开剂流经吸附剂时发生无数次吸附-解吸过程,吸附力小的组分随流动相迅速向前移动,吸附力大的组分滞留在后,由于各组分具有不同的移动速率而进行分离和分析的方法。由于色谱分离是在薄层上进行的,故称为薄层色谱。该方法具有分析速度快、灵敏、显色方便的特点。

**1. 薄层色谱的用途**

(1)化合物的定性检验。在条件完全一致的情况下,纯化合物在薄层色谱中呈现一定的移动距离,称为比移值($R_f$),所以利用薄层色谱可以鉴定化合物的纯度或确定两种性质相似的化合物是否为同一种物质。影响比移值的因素很多,如薄层的厚度、吸附剂颗粒的大小、酸碱性、活性等级、外界温度和展开剂的纯度、组成、挥发性等。所以获得能重现的比移值比较困难,在测定某一试样时最好用已知样品进行对照。

$$R_f = \frac{基线与展开斑点中心的距离}{基线与展开剂前沿的距离}$$

(2)快速分离少量物质。

(3)跟踪反应进程。在进行化学反应时,常利用薄层色谱观察原料斑点的消失情况,以判断反应是否完成。

(4)检验化合物的纯度(若色谱中只出现一个斑点且无拖尾现象,则被测物质为纯物质)。

**2. 仪器与材料**

1)薄层玻板

自制薄层玻板除另有规定外,采用 5 cm × 20 cm、10 cm × 20 cm 或 20 cm × 20 cm 的规格,并要求光滑、平整,洗净后不附水珠。重复使用的玻板要用洗衣粉和水洗涤,先用水淋洗,再用 50% 的甲醇溶液淋洗,最后让玻板完全干燥。取用时应用手指接触玻板的边缘,因为指印会污染玻板的表面,使吸附剂难以铺在玻板上。

2)固定相或载体

薄层色谱最常用的吸附剂为硅胶和氧化铝。

(1)硅胶。常用的商品薄层色谱采用的硅胶如下:

硅胶 H——不含黏合剂或其他添加剂的层析用硅胶;

硅胶 G——含煅烧过的石膏($CaSO_4 \cdot 1/2 H_2O$)的层析用硅胶,G 代表石膏;

硅胶 $HF_{254}$——含荧光物质的层析用硅胶,可在 254 nm 的紫外灯下观察荧光;

硅胶 $GF_{254}$——含煅石膏、荧光物质的层析用硅胶。

(2)氧化铝。与硅胶相似,商品氧化铝有 $Al_2O_3$-G、$Al_2O_3$-$HF_{254}$、$Al_2O_3$-$GF_{254}$,一般要求颗粒粒径为 5~40 μm。薄层涂布一般可分为无黏合剂和含黏合剂两种。前者将固定相直接涂布于玻板上,后者向固定相中加入一定量的黏合剂,将煅石膏(石膏 $CaSO_4 \cdot 2H_2O$ 在 140 ℃下加热 4 h)加适量水使用,或将适量羧甲基纤维素钠水溶液(0.2%~0.5%)调成糊状均匀涂布于玻板上。使用涂布器能将固定相在玻板上涂成符合厚度要求的均匀薄层。

3)展开室

薄层展开需要在密闭的容器中进行,应使用适合薄层板大小的玻璃制薄层色谱展开缸,除另有规定外,底部应平整光滑、便于观察。

### 3. 操作方法(湿法)

#### 1)制备薄层板

薄层板制备得好坏直接影响色谱的结果。薄层应尽量均匀且厚度要固定,否则展开时前沿不齐,色谱结果也不易重复。取 3 g 薄层用硅胶 G,按 1:3(质量与体积之比)的比例加 0.5% 的羧甲基纤维素钠水溶液的上清液,在研钵中沿同一个方向研磨混合,去除表面的气泡后铺于两块干净、干燥的玻璃板(5 cm × 2.5 cm)上,厚度为 0.2~0.3 mm,然后轻轻振动玻璃板,使其平整、均匀,待自然干燥后放入烘箱中于 110 ℃ 下活化 30 min,将活化后的薄层板置于干燥器内保存备用。

#### 2)点样

取管口平整的毛细管吸取样品溶液,垂直地轻轻接触上述制好的薄层板,点样基线距底边 1 cm 左右(可用铅笔在距薄层板一端 1 cm 处轻轻画一条起始线),点的直径一般为 2~3 mm,点与点之间的距离为 1~1.5 cm,且各点在一条直线上。点样时必须注意勿损伤薄层表面。如果需要重复点样,待前一次的溶剂挥发后方可再点,以免样点过大而造成拖尾、扩散等现象,影响分离效果。

#### 3)展开

先将选择的展开剂放在展开缸中,使展开缸内的空气饱和 5~10 min,再将点样的薄层板放入展开缸中展开。点好样品的薄层板浸入展开剂的深度为距薄层板底边 0.5~1.0 cm(切勿将样点浸入展开剂中),然后密封缸盖,展开至规定距离(10 cm 的薄层板展距一般为 5 cm)即可取出薄层板,标出溶剂的前沿位置,晾干。

#### 4)显色

薄层展开后,如果样品有颜色,可以直接看到斑点的位置,如果样品是无色的,将薄层板放置在紫外灯下观察,显色后立即用铅笔或小针标出斑点的位置,计算 $R_f$ 值。

## 六、高效液相色谱

高效液相色谱(high-performance liquid chromatography, HPLC)是一种广泛应用于药物分析领域的高效分离分析技术,能够将待测样品中的不同组分分离并进行定量、定性分析。其具有分析速度快、选择性好、灵敏度高、柱子可反复使用、样品用量少且容易回收的特点。

### 1. 高效液相色谱仪

高效液相色谱仪由贮液器、高压泵、进样器、色谱柱、检测器、数据处理系统等几部分组成,其工作流程如图 2-1 所示。贮液器中的流动相被高压泵打入系统,样品溶液经进样器进入流动相,被流动相载入色谱柱(固定相)内,由于样品溶液中的各组分在两相中具有不同的分配系数,在两相中做相对运动时,经过多次吸附 - 解吸的分配过程,各组分在移动速度上产生了较大的差别,被分离成单个组分依次从柱内流出,通过检测器时样品的浓度被转换成电信号传送到记录仪,数据以图谱的形式打印出来。

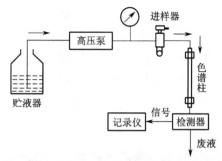

**图 2-1 高效液相色谱仪的工作流程**

1）贮液器

贮液器应耐腐蚀，一般采用玻璃容器，容积以 0.5~2.0 L 为宜。贮液器的放置位置要高于泵体，以保持一定的输液静压差。放入贮液器中的溶剂应当脱气，并经微孔滤膜过滤，以除去溶剂中的杂质。

2）高压泵

高效液相色谱的流动相采用高压泵输送，对高压泵的要求是耐腐蚀、密封性好、输出流量范围宽、输出流量稳定、重复性好。高压泵可分为恒流泵和恒压泵。目前，在高效液相色谱中应用最广泛的是往复泵，往复泵属于恒流泵。

3）进样器

进样器是将样品送入色谱柱的装置，如图 2-2 所示，其可分为手动进样器和自动进样器两种。手动进样使用最多的是六通阀进样装置。先将进样阀置于"取样"位置，用特制的平头注射器将样品注入定量环中，再将进样阀置于"进样"位置，样品携带流动相进入色谱柱。手动进样重复性好，且能耐 20 MPa 的高压。自动进样是由计算机自动控制定量阀，按照预先编写的程序工作，取样、进样、复位、清洗样品管路和样品盘转动全部按照预定的程序自动进行，一次可以进行几十个甚至上百个样品的分析。自动进样器的样品量可连续调节，进样重复性好，适合作大量样品的分析，能节省人力，实现自动化操作。

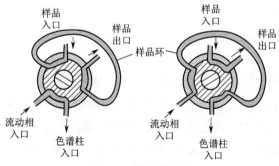

**图 2-2 进样器示意**

4）色谱柱

高效液相色谱仪的核心是色谱柱，色谱柱是内壁光滑的优质不锈钢柱，柱接头的体积尽可能小,柱长一般为 100~300 mm,内径为 4~5 mm。

色谱柱的固定相以十八烷基硅烷键合硅胶(ODS)应用最广泛,ODS 为非极性化学键合相,此外还有辛烷基硅烷键合硅胶等。非极性化学键合相用于反相色谱;中等极性的化学键合相有苯基化学键合相等;极性化学键合相有氰基化学键合相和氨基化学键合相,一般用于正相色谱。色谱柱的优劣一般由相应的使用指标表征,包括在一定实验条件下的柱压和理论塔板数等。

图2-3　色谱柱

5)检测器

高效液相色谱仪的检测器分为选择性检测器和通用型检测器两大类。

选择性检测器只能检测某些组分的某一性质,响应值不仅与样品溶液的浓度有关,而且与样品的结构有关。紫外检测器、荧光检测器和电化学检测器为选择性检测器,它们只对有紫外吸收或荧光发射的组分有响应。

通用型检测器检测的是一般物质均具有的性质,示差折光检测器和蒸发光散射检测器属于这一类。这种检测器对所有物质均有响应,结构相似的物质在蒸发光散射检测器中的响应值几乎仅与被测物质的量有关。

紫外检测器是高效液相色谱中应用最广泛的检测器。其原理是朗伯－比尔定律,即色谱峰的面积和组分的量成正比。紫外检测器的特点是灵敏度高、线性范围宽、对温度和流速变化不敏感、可检测梯度溶液洗脱的样品。

6)数据处理系统

数据处理系统可对测试数据进行采集、储存、显示、打印和处理等操作,使样品的分离、制备和鉴定工作能正确开展。

**2. 高效液相色谱的测定方法**

1)面积归一化法

面积归一化法测定误差大,只能粗略考察供试品中杂质的含量。测定供试品(或经衍生化处理的供试品)中各杂质的总量限度采用不加校正因子的面积归一化法。计算各杂质峰面积及其总和,并求出占总峰面积的百分数,但溶剂峰不计算在内。色谱图的记录时间应根据所含杂质的保留时间决定,除另有规定外,可为该品种项下主成分保留时间的倍数。

2)内标法

内标法是选择适宜的物质作为待测物质的参比物,定量加到供试品中,依据待测物质、参比物在检测器中的响应值之比和参比物的加入量进行定量分析的方法。这种方法消除了由于每次供试品分析条件不完全相同而产生的定量误差,也消除了进样体积不同所引入的误差。

按各品种项下的规定,精确称(量)取对照品和内标物质,分别配成溶液,再精确量取各溶液,配成测定校正因子用的对照品溶液,取一定量进样,记录色谱图,测量对照品和内标物质的峰面积或峰高。按下式计算校正因子 $f$:

$$f = \frac{A_s/c_s}{A_r/c_r}$$

式中: $A_s$ 为内标物质的峰面积或峰高; $A_r$ 为对照品的峰面积或峰高; $c_s$ 为内标物质的浓度; $c_r$ 为对照品的浓度。

再取各品种项下含有内标物质的供试品溶液,进样,记录色谱图,测量供试品中的待测成分和内标物质的峰面积或峰高。按下式计算含量:

$$c_x = f \times \frac{A_x}{A_s'/c_s'}$$

式中: $A_x$ 为供试品(或杂质)的峰面积或峰高; $c_x$ 为供试品溶液的浓度; $A_s'$ 为内标物质的峰面积或峰高; $c_s'$ 为内标物质的浓度; $f$ 为校正因子。

若配制测定校正因子用的对照品溶液和含有内标物质的供试品溶液使用等量同一浓度的内标物质溶液,即 $c_s=c_s'$,则配制内标物质的溶液不必精确量取。

3)外标法

外标法是高效液相色谱定量分析常用的方法。

按各品种项下的规定,精确称(量)取对照品和供试品,分别配成溶液,再精确量取一定量的各溶液,进样,记录色谱图,测量对照品和供试品中的待测成分的峰面积或峰高。按下式计算含量:

$$c_x = c_r \times \frac{A_x}{A_r}$$

式中: $A_x$ 为供试品的峰面积或峰高; $c_x$ 为供试品溶液的浓度; $A_r$ 为对照品的峰面积或峰高; $c_r$ 为对照品的浓度。

由于微量注射器不易精确控制进样量,采用外标法测定时,以用手动进样器的定量环或自动进样器进样为宜。

4)加校正因子的主成分自身对照法

测定杂质的含量时,可采用加校正因子的主成分自身对照法。

按各品种项下的规定,精确称(量)取适量待测物质的对照品和参比物质的对照品,配制测定待测物质的校正因子的溶液,进样,记录色谱图。按下式计算待测物质的校正因子:

$$f = \frac{c_a / A_a}{c_b / A_b}$$

式中：$c_a$ 为待测物质的浓度；$A_a$ 为待测物质的峰面积或峰高；$c_b$ 为参比物质的浓度；$A_b$ 为参比物质的峰面积或峰高。

也可精确称（量）取适量主成分的对照品和杂质的对照品，配制成不同浓度的溶液，进样，记录色谱图，绘制主成分的浓度和杂质的浓度对其峰面积的回归曲线，以主成分回归直线斜率与杂质回归直线斜率的比计算校正因子。校正因子可直接载入各品种项下，用于校正杂质的实测峰面积。需作校正计算的杂质通常以主成分为参比，采用相对保留时间定位，其数值一并载入各品种项下。

测定杂质的含量时，按各品种项下规定的杂质限度将供试品溶液稀释成与杂质限度相当的溶液作为对照品溶液，进样，记录色谱图，必要时调节纵坐标的范围（以噪声水平可接受为限），使对照品溶液的主成分色谱峰的峰高为满量程的 10%~25%。

除另有规定外，含量低于 0.5% 的杂质峰面积的相对标准偏差（ $RSD$ ）应小于 10%；含量在 0.5%~2% 的杂质峰面积的 $RSD$ 应小于 5%；含量高于 2% 的杂质峰面积的 $RSD$ 应小于 2%。

然后取适量供试品溶液和对照品溶液分别进样，除另有规定外，供试品溶液的记录时间应为主成分色谱峰保留时间的 2 倍，测量供试品溶液的色谱图上各杂质的峰面积，乘以相应的校正因子后与对照品溶液主成分的峰面积比较，计算各杂质的含量。

5）不加校正因子的主成分自身对照法

测定杂质的含量时，若无法获得待测物质的校正因子或校正因子可以忽略，可采用不加校正因子的主成分自身对照法。按加校正因子的方法配制对照品溶液、进样、调节纵坐标的范围和计算峰面积的相对标准偏差后，取适量供试品溶液和对照品溶液分别进样。

除另有规定外，供试品溶液的记录时间应为主成分色谱峰保留时间的 2 倍，测量供试品溶液的色谱图上各杂质的峰面积并与对照品溶液主成分的峰面积比较，依法计算各杂质的含量。

### 3. 高效液相色谱的操作方法

（1）在实验前配好流动相，过滤脱气。

（2）置换流动相时，把泵的滤头从原来的流动相中换到新的流动相中，滤头要轻拿轻放。

（3）液路排气顺序：打开排气阀—按"PURGE"键进行排气—按"STOP"键停止—拧紧排气阀—按"PUMP"键启动泵。

（4）打开检测器，首先观察右上角的氘灯指示灯，确认氘灯点亮后再按"WL"键调好实验波长，然后按"A/Z"键调零。

（5）打开电脑，在在线工作站中选择对应的通道，输入实验信息、方法（包括采样控制、积分和仪器条件）；然后点"数据采集"按钮，将电压调到 -20~20 V，时间调到 0~30 min，点"零点校正"按钮后点"查看基线"按钮，大约 1 h 后基线基本稳定，就可以进样了。

（6）进对照品：将对照品配成溶液后，过滤，进样，待对照品的峰出来以后点"停止采集"按钮，输入文件名后保存。（一般以连进三针为准）

（7）进样品：样品配成溶液后，过滤，进样，待样品的峰出来以后点"停止采集"按钮，输入文件名后保存。

（8）将进样阀旋转到"LOAD"位置时进针，进完针后将进样阀旋转到"INJECT"位置。

（9）打印报告，计算待测物等的含量。

## 七、气相色谱

气相色谱（gas chromatography，GC）是一种分离技术。实际工作中分析的样品往往是复杂的多组分混合物，GC 主要利用物质的沸点、极性及吸附性质的差异实现混合物的分离。待分析样品在汽化室中汽化后被载气（一般是 $N_2$、He 等）带入色谱柱，组分就在其中的两相间多次分配（吸附—脱附或溶解—释放）。由于固定相对各组分的吸附或溶解能力不同（即保留作用不同），因此各组分在色谱柱中的行进速度不同，经过一定的柱长后便彼此分离，依次离开色谱柱进入检测器，经检测后物质信息转换为电信号被送至色谱数据处理装置处理，从而完成对被测物质的定性、定量分析。

### 1. 气相色谱仪的基本组成

气相色谱仪一般由如下六部分组成。

1）载气系统

气相色谱的流动相为气体，称为载气。氦气、氮气和氢气均可用作载气，其可由高压钢瓶或高纯度气体发生器提供，经过减压阀、流量控制器和压强调节器，以一定的流速经过进样器和色谱柱，由检测器排出，形成载气系统。整个系统要求载气纯净、密闭性好、流速稳定及流速测量准确。应根据供试品的性质和检测器的种类选择载气，除另有规定外，常用载气为氮气。

2）进样系统

进样系统安装在色谱柱的进口之前，由两部分组成，一部分为进样器，另一部分是汽化室，以保证液体样品瞬间汽化为蒸气。其功能是把气体或液体样快速、定量地加到色谱柱上端。

进样方式一般可采用溶液直接进样、自动进样或顶空进样。

溶液直接进样采用微量注射器、微量进样阀、有分流装置的汽化室进样。采用溶液直接进样或自动进样时，进样口温度应高于柱温 30~50 ℃；进样量一般不超过数微升；柱径越小，进样量应越少，采用毛细管柱时一般应分流，以免过载。

顶空进样适用于固体和液体供试品中挥发性组分的分离和测定。将固态或液态的供试品制成供试液后置于密闭的小瓶中，在恒温控制的加热室中加热至供试品中的挥发性组分液态和气态达到平衡，由进样器自动吸取一定体积的顶空气注入色谱柱中。

3）色谱分离系统

色谱分离系统由色谱柱和控温室组成，是色谱仪的心脏部件，其作用是将多组分样品分离为单个组分。

色谱柱为填充柱或毛细管柱。填充柱的材质为不锈钢或玻璃，内径为 2~4 mm，柱长为 2~4 m，内装吸附剂、高分子多孔小球或涂渍固定液的载体，粒径为 0.18~0.25 mm、0.15~0.18 mm 或 0.125~0.15 mm。常用载体为经酸洗并经硅烷化处理的硅藻土或高分子多孔小球，常用固定液有甲基聚硅氧烷、聚乙二醇等。毛细管柱的材质为玻璃或石英，内壁或载体涂渍或交联固定液，内径一般为 0.25 mm、0.32 mm 或 0.53 mm，柱长为 5~60 m，固定液膜厚 0.1~5.0 μm。常用固定液有甲基聚硅氧烷、不同组成比例的苯基甲基聚硅氧烷、聚乙二醇等。

新的填充柱和毛细管柱在使用前需进行老化处理，以除去残留的溶剂及易流失的物质；色谱柱如长期未用，在使用前也应进行老化处理，以使基线稳定。

4）检测系统

检测系统用于检测流动相中有无溶质组分存在，其核心部件为检测器。常见的检测器有火焰离子化检测器（FID）、氮磷检测器（NPD）、火焰光度检测器（FPD）、电子捕获检测器（ECD）、热导检测器（TCD）、质谱检测器（MS）等。火焰离子化检测器（FID）对碳氢化合物响应良好，适合检测大多数药物；氮磷检测器（NPD）对含氮、磷元素的化合物灵敏度高；火焰光度检测器（FPD）对含磷、硫元素的化合物灵敏度高；电子捕获检测器（ECD）适于含卤素的化合物；热导检测器（TCD）几乎对所有的物质都有响应，由于在检测过程中样品不被破坏，常用于制备和联用鉴定；质谱检测器（MS）能给出供试品某个成分的结构信息，可用于结构确证。除另有规定外，色谱仪一般用火焰离子化检测器，用氢气作为燃气、空气作为助燃气。在使用火焰离子化检测器时，检测器温度一般应高于柱温，并不得低于 150 ℃，以免水汽凝结，通常为 250~350 ℃。

检测器可以把被色谱柱分离的样品组分根据特性和含量转变为电信号，经放大后由记录器记录成色谱图，进行定量和定性分析。

5）数据处理系统

数据处理系统用于对色谱图所反映的信息进行分析处理，包括放大器、记录仪、数据处理装置等。

6）温度控制系统

温度控制系统用于测量和控制色谱柱、检测器、汽化室的温度，是气相色谱仪的重要组成部分。

**2. 气相色谱仪的工作流程**

气相色谱仪的工作流程如图 2-4 所示。载气由高压钢瓶供给，经减压阀减压后，进入气路控制单元（控制载气的压强和流量），再经过进样口（包括汽化室），试样就从进样口注入（如为液体试样，进入汽化室瞬间即汽化），由载气携带进入色谱柱，各组分分离后依次进入检测器，然后放空。检测器的信号由数据处理装置记录就可得到色谱图，一般色谱图约于 30 min 内记录完毕。

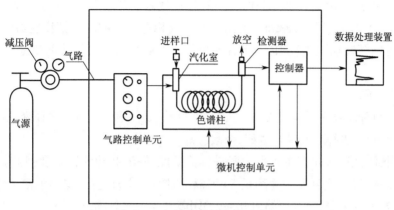

**图 2-4  气相色谱仪的工作流程**

### 3. 气相色谱仪的操作步骤

（1）打开载气钢瓶的总阀,观察载气的压强是否达到预定值,达不到不能开始实验。

（2）打开主机电源,设置相应的参数。

（3）打开计算机电源,启动色谱工作站。

（4）打开氢气发生器开关,观察压强是否达到预定值,达不到不能进行操作。

（5）打开空气压缩机开关,观察压强是否达到预定值,达不到不能进行操作。

（6）点燃 FID 火焰。

（7）待主机显示"就绪"后观察记录仪的信号,待基线平稳后开始测试。

（8）进样。在气相色谱分析中,一般采用注射器或六通阀进样。

①进样量。

进样量与汽化温度、柱容量和仪器的线性响应范围等因素有关,应控制在所进样能瞬间汽化,达到规定的分离要求和线性响应允许的范围之内。

填充柱冲洗法的瞬间进样量:液体样品或固体样品溶液一般为 0.01~10 μL;气体样品一般为 0.1~10 mL。在定量分析中,应注意进样量读数要准确。

要排出注射器里所有的空气,用微量注射器抽取液体样品时,只要重复把液体抽到注射器中又迅速排回样品瓶就可以做到;还有一种更好的方法,就是用约 2 倍注射量的样品置换注射器内的样品 3~5 次,每次取完样品后竖直拿起注射器,针尖朝上,注射器里的空气就跑到针管顶部,推进注射器的塞子,空气就会被排出。

②保证进样量的准确性。

用注射器取约 2 倍进样量的样品,竖直拿起注射器,针尖朝上,让针穿过一层纱布,这样可用纱布吸收从针尖排出的液体。推进注射器的塞子,直到读出所需要的数值,用纱布擦干针尖。至此准确的液体体积已经测得,需要抽若干空气到注射器里,如果不慎推动柱塞,空气可以保护液体使之不被排出。

③进样方法。

双手拿注射器,用一只手(通常是左手)按压柱塞把针插入垫片中。注射大体积样品(即气体样品)或输入压力极高时,为防止来自气相色谱仪的压力把注射器的柱塞弹出,应将针尽可能深地插入进样口,压下柱塞停留 1~2 s,然后尽可能快而稳地抽出针尖(继续压住柱塞)。

④进样时间。

进样时间对柱效率影响很大,若进样时间过长,易使色谱区域加宽而降低柱效率。对冲洗法色谱而言,进样时间越短越好,一般应短于 1 s。

(9)测试完毕后,先在主机上设置进样器温度、柱温和检测器温度(均为 50 ℃),待进样器温度、柱温和检测器温度降至 50 ℃以下时关闭主机电源,退出色谱工作站并关闭电源,关闭氢气发生器、空气压缩机开关,关闭载气钢瓶的总阀。

(10)处理数据。

# 八、有机溶剂残留量测定法

药品中的残留溶剂指在原料或辅料的生产中以及在制剂的制备过程中使用的在工艺过程中未能完全除去的有机溶剂。药品中常见的残留溶剂及其限度见《中华人民共和国药典》,除另有规定外,第一、第二、第三类溶剂的残留限度应符合药典中的规定;其他溶剂应根据生产工艺的特点制定相应的残留限度,使其符合产品规范、药品生产质量管理规范(GMP)或其他基本的质量要求。本法参照气相色谱法测定。

**1. 色谱柱**

1)毛细管柱

除另有规定外,极性相近的同类色谱柱可以互换使用。

(1)非极性色谱柱。此类柱是固定液为 100% 的二甲基聚硅氧烷的毛细管柱。

(2)极性色谱柱。此类柱是固定液为聚乙二醇(PEG-20M)的毛细管柱。

(3)中性色谱柱。此类柱是固定液为(35%)二苯基 -(65%)甲基聚硅氧烷、(50%)二苯基 -(50%)二甲基聚硅氧烷、(35%)二苯基 -(65%)- 二甲基亚芳基聚硅氧烷或(14%)氰丙基苯基 -(86%)二甲基聚硅氧烷等的毛细管柱。

2)填充柱

填充柱以直径为 0.18~0.25 mm 的二乙烯苯 - 乙基乙烯苯型高分子多孔小球或其他适宜的填料为固定相。

**2. 系统适用性实验**

(1)用待测物的色谱峰计算,毛细管柱的理论板数一般不低于 5 000;填充柱的理论板数一般不低于 1 000。

(2)在色谱图中,待测物的色谱峰与相邻色谱峰的分离度应大于 1.5。

(3)用内标法测定时,对照品溶液连续进样 5 次,待测物与内标物峰面积之比的相对标准偏差不大于 5%;若用外标法测定,待测物峰面积的相对标准偏差不大于 10%。

### 3. 供试品溶液的制备

1）顶空进样

除另有规定外，称取供试品 0.1~1 g，通常以水为溶剂；对于非水溶性药物，可采用 N,N- 二甲基甲酰胺、二甲基亚砜或其他适宜的溶剂。根据供试品和待测溶剂的溶解度选择适宜的溶剂，溶剂应不干扰待测溶液的测定。根据品种项下残留溶剂的限度规定配制供试品溶液，其浓度应满足系统定量测定的需要。

2）溶液直接进样

精确称取适量供试品，用水或合适的有机溶剂使其溶解。根据品种项下残留溶剂的限度规定配制供试品溶液，其浓度应满足系统定量测定的需要。

### 4. 对照品溶液的制备

精确称取适量各品种项下规定检查的有机溶剂，采用与制备供试品溶液相同的方法和溶剂制备对照品溶液。若为限度检查，根据残留溶剂的限度规定确定对照品溶液的浓度；若为定量测定，为保证定量结果的准确性，应根据供试品中溶剂的实际残留量确定对照品溶液的浓度。通常对照品溶液的色谱峰面积以不超过供试品溶液中残留溶剂的色谱峰面积的 2 倍为宜，必要时应调整供试品溶液或对照品溶液的浓度。

### 5. 测定方法

1）毛细管柱顶空进样等温法

当需要检查的有机溶剂数量不多且极性差异较小时，可采用此法。

色谱条件：柱温一般为 40~100 ℃；常以氮气为载气，流速为 1.0~2.0 mL/min；以水为溶剂时顶空瓶平衡温度为 70~85 ℃，顶空瓶平衡时间为 30~60 min；进样口温度为 200 ℃（如采用火焰离子化检测器，进样口温度为 250 ℃）。

测定方法：取对照品溶液和供试品溶液，分别连续进样不少于 2 次，测定待测峰的峰面积。

2）毛细管柱顶空进样系统程序升温法

当需要检查的有机溶剂数量较多且极性差异较大时，可采用此法。

色谱条件：如为非极性色谱系统，柱温一般先在 30 ℃下维持 7 min，再以 8 ℃ /min 的升温速率升至 120 ℃，维持 15 min；如为极性色谱系统，柱温一般先在 60 ℃下维持 6 min，再以 8 ℃ /min 的升温速率升至 100 ℃，维持 20 min；以氮气为载气，流速为 2.0 mL/min；以水为溶剂时顶空瓶平衡温度为 70~85 ℃，顶空瓶平衡时间为 30~60 min；进样口温度为 200 ℃（如采用火焰离子化检测器，进样口温度为 250 ℃）。

具体到某个品种的残留溶剂检查时，可根据该品种项下残留溶剂的组成调整升温程序。

测定方法：取对照品溶液和供试品溶液，分别连续进样不少于 2 次，测定待测峰的峰面积。

3）溶液直接进样法

此方法可采用填充柱，亦可采用极性适宜的毛细管柱。

测定方法：取对照品溶液和供试品溶液，分别连续进样 2~3 次，测定待测峰的峰面积。

4）计算法

（1）限度检查：除另有规定外，按品种项下规定的供试品溶液浓度测定。用内标法测定时，供试品溶液被测溶剂峰面积与内标物峰面积之比不得大于对照品溶液的相应比值；用外标法测定时，供试品溶液被测溶剂峰面积不得大于对照品溶液的相应峰面积。

（2）定量测定：用内标法或外标法计算各残留溶剂的量。

# 九、紫外－可见分光光度法

## 1. 紫外－可见分光光度法的原理

紫外－可见分光光度法是通过测定被测物质在紫外光区的特定波长处或一定波长范围内的吸光度对该物质进行定性和定量分析的方法，在药品检验中主要用于药品的鉴别、检查和含量测定。

定量分析通常选择在物质的最大吸收波长处测定吸光度，然后用对照品或吸收系数求算被测物质的含量，多用于制剂的含量测定；对已知物质定性可用吸收峰波长或吸光度比值鉴别；若待测物质在紫外光区无吸收，而杂质在紫外光区有相当强度的吸收，或在杂质的吸收峰处待测物质无吸收，可用本法作杂质检查。

物质对紫外辐射的吸收是由于分子中原子的外层电子跃迁所产生的，因此紫外吸收主要取决于分子的电子结构，故紫外光谱又称电子光谱。有机化合物分子结构中如含有共轭体系、芳香环等发色基团，均可在紫外光区（200~400 nm）或可见光区（400~850 nm）产生吸收。通常使用的紫外－可见分光光度计的工作波长范围为 190~900 nm。

紫外吸收光谱为物质对紫外光区辐射的能量吸收图。朗伯－比耳定律为光的吸收定律，它是紫外分光光度法定量分析的依据，其数学表达式为

$$A = \lg \frac{1}{T} = Ecl$$

式中：$A$ 为吸光度；$T$ 为透光率；$E$ 为吸收系数；$c$ 为溶液的浓度；$l$ 为光路的长度。

如溶液的浓度为 1%（质量体积浓度）、光路的长度为 1 cm，相应的吸光度即为吸收系数，以 $E_{1\,cm}^{1\%}$ 表示。如溶液的浓度为摩尔浓度（mol/L）、光路的长度为 1 cm，相应的吸收系数为摩尔吸收系数，以 $\varepsilon$ 表示。

## 2. 样品测定操作方法

测定样品时，除另有规定外，应以配制供试品溶液的同批溶剂为空白对照，采用 1 cm 的石英吸收池，在规定的吸收峰波长 ±2 nm 的范围内测试几个点的吸光度，或用仪器在规定的波长附近自动扫描测定，以核对供试品的吸收峰波长位置是否正确。除另有规定外，吸收峰波长应在该品种项下规定的波长 ±2 nm 以内，并以吸光度最大的波长为测定波长。一般供试品溶液的吸光度以 0.3~0.7 为宜。仪器的狭缝波带宽度宜小于供试品吸

收带半高宽度的 1/10,否则测得的吸光度会偏低;狭缝宽度的选择应以减小狭缝宽度时供试品的吸光度不增大为准。由于吸收池和溶剂可能有空白吸收,因此测定供试品的吸光度后应减去空白读数,或由仪器自动扣除空白读数后再计算含量。

当溶液的 pH 值对测定结果有影响时,应将供试品溶液的 pH 值和对照品溶液的 pH 值调一致。

1)吸收系数测定(性状项下)

按各品种项下规定的方法配制供试品溶液,在规定的波长处测定其吸光度,并计算吸收系数,数值应符合规定范围。

2)鉴别及检查

按各品种项下的规定测定供试品溶液的最大及最小吸收波长,有的必须测定在最大吸收波长与最小吸收波长处的吸光度比值,数值均应符合规定。

3)含量测定

(1)对照品比较法。

按各品种项下规定的方法配制供试品溶液和对照品溶液,对照品溶液中所含被测成分的量应在供试品溶液中被测成分标示量的 100% ± 10% 以内,用同一溶剂在规定的波长处测定供试品溶液和对照品溶液的吸光度后,按下式计算供试品溶液的浓度:

$$c_x = (A_x/A_r)c_r$$

式中:$c_x$ 为供试品溶液的浓度;$A_x$ 为供试品溶液的吸光度;$c_r$ 为对照品溶液的浓度;$A_r$ 为对照品溶液的吸光度。

(2)吸收系数法。

按各品种项下的规定配制供试品溶液,在规定的波长处测定其吸光度,再按该品种在规定条件下的吸收系数计算含量。用本法测定时,吸收系数通常应大于 100,并应注意仪器的校正和检定。

(3)计算分光光度法。

按《中华人民共和国药典》的规定,计算分光光度法一般不宜用于测定含量,对少数采用计算分光光度法的品种,应严格按各品种项下规定的方法进行。当吸光度在吸收曲线的陡然上升或下降部位时,波长的微小变化就可能对测定结果造成显著影响,故对照品和供试品的测试条件应尽可能一致。

(4)比色法。

供试品在紫外－可见光区没有强吸收,或虽在紫外光区有吸收,但为了避免干扰或提高灵敏度,可加入适当的显色剂,使反应产物的最大吸收移至可见光区,这种测定方法称为比色法。

用比色法测定样品时,由于显色时影响颜色深浅的因素较多,应取供试品与对照品或标准品同时操作。除另有规定外,比色法所用的空白是用同体积的溶剂代替对照品或供试品溶液,然后依次加入等量的相应试剂,并用同样的方法处理。在规定的波长处测定对照品和供试品溶液的吸光度后,采用对照品比较法计算供试品的浓度。

当吸光度和浓度的关系不呈良好线性时,应取数份梯度量的对照品溶液,用溶剂补充至同一体积,显色后测定各份溶液的吸光度,然后以吸光度与相应的浓度为坐标绘制标准曲线,再根据供试品的吸光度在标准曲线上查得相应的浓度,并求出含量。

若该品种不用对照品,如维生素 A 测定法(《中华人民共和国药典》2015 版通则0721 ),则应在测定前仔细校正和检定仪器。

### 3. UV-2450 紫外 - 可见分光光度计的使用方法

(1)开机,分别打开交流稳压电源、UV-2450 紫外 - 可见分光光度计(图 2-5 )主机电源、电脑电源。双击桌面上的 UVProbe 图标,打开主窗口,工具栏中有四个模块: Report ( 报告 )、Kinetic( 动力学 )、Photometric( 光度测量 )、Spectrum( 光谱 )。

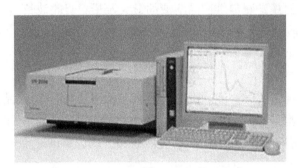

图 2-5　UV-2450 紫外 - 可见分光光度计

(2)点击 Spectrum,进入 Spectrum 模块,这个模块包含三个窗格: Operation(操作 )、Method( 方法 )、Graph( 曲线 )。点击光度计上的"Connect(连接 )"按键,连接仪器。此时仪器开始初始化,此过程约需 4 min。

(3)仪器初始化结束后,将空白溶剂装入样品及参比吸收池中,然后放入样品池中,盖好样品池盖。点击"Baseline( 基线 )"按键,出现基线参数对话框,设定扫描开始波长为500 nm,结束波长为 190 nm。点击"OK"按钮,进行基线校正。基线校正就是将所选波长范围内的测量背景设置为 0,消除溶剂吸收紫外光的影响。应注意,取放吸收池时不得接触吸收池的透光面,以免将其磨毛。吸收池插入样品池架前需将其外壁的液体擦干,否则溶剂会被带入腐蚀样品池。擦吸收池应用擦镜纸,沿一个方向擦,不要来回擦,以免磨毛吸收池。样品插入样品池架时应注意方向。

(4)创建数据采集方法。

①选择 Edit( 编辑 )菜单下的 Method( 方法 ),或点击光谱窗口中的"Method( 方法 )"按钮,显示光谱方法对话框。

②选择 Measurement( 测定 )标签,进行参数设置。Wavelength Range( 波长范围 ):开始波长 500 nm、结束波长 190 nm。Scan Speed( 扫描速度 ): Medium( 中速 )。Sampling Interval( 采样间隔 ):选择自动采样间隔或每隔 1 nm 采样。Scan Mode( 扫描方式 ): Single ( 单一 )。其他不作选择,点击"OK"按钮。

(5)选择 Instrument Parameters( 仪器参数 )标签,进行参数设置。Measuring Mode

（测量方式）：选择 Absorbance（吸光度）。Slit Width（狭缝宽度）：选择 2.0。其他不作选择，点击"OK"按钮。

（6）保存数据采集方法。选择 File（文件）菜单下的 Save As（另存为）命令，出现保存光谱文件对话框，选择保存路径。

（7）将外边样品槽中的吸收池取出，换成待测溶液，点击"Start（开始）"按钮，开始扫描。扫描结束后出现文件名字对话框，在对话框内填上保存的地址及所记录曲线的名字，点击"Save（保存）"按钮，数据即被保存在选定的文件夹中，然后可继续其他样品的测定。如果需要记录，可以在 Operation（运行）菜单下选择 Peak Pick（峰值拾取）命令，在 Peak Pick Table 处单击鼠标右键，选择标记峰、谷、显示峰等内容。

（8）实验结束后，将吸收池洗净、晾干、收好，关闭仪器，断开电源，整理好桌面，清理好卫生，填好仪器使用记录。

## 十、红外吸收光谱法

### 1. 红外吸收光谱法的原理

红外吸收光谱又被称为分子振动转动光谱，是一种分析吸收光谱。它是由于分子振动能级的跃迁而产生的，而分子的振动实际上可以分解为组成分子的化学键的振动，或者说组成分子的原子团的振动。当样品受到频率连续变化的红外光照射时，分子吸收了某些频率的辐射，发生振动或转动，引起偶极矩变化，产生分子振动或转动能级从基态跃迁到激发态，使对应这些吸收区域的透射光减弱，记录红外光的百分透射比 $T\%$ 与波数 $\sigma$（或波长 $\lambda$）的关系曲线可得到红外吸收光谱。谱图中的吸收峰数目及对应的波数是由吸光物质的分子结构决定的，即谱图是分子结构的特征反映。因此，红外吸收光谱可以提供大量分子结构信息。在药品检验中，红外吸收光谱法具有高度专属性。在有机药品鉴别中，红外吸收光谱法已成为与其他理化方法联合使用的重要仪器分析方法。特别是对化学结构比较复杂或相互间化学差异较小的药品，红外吸收光谱法更是行之有效的鉴别手段。某些多晶型药品晶型结构不同会导致某些化学键的键角及键长不同，从而导致某些红外吸收峰的频率和强度不同，因此红外吸收光谱法亦作为杂质检查中低效和无效晶型检查的主要方法。

### 2. 样品测定操作方法

（1）准备好样品和溴化钾。

（2）打开红外光谱仪的电源，待仪器稳定 30 min 以上方可进行测定。

（3）打开电脑，打开对应的软件，在菜单中进行实验参数的设置。

（4）测试样品获得样品的红外光谱图。

①液体样品的制备及测试。

将可拆卸式液体样品池的盐片从干燥器中取出，在红外灯下用少许滑石粉混几滴无水乙醇磨光其表面。再用几滴无水乙醇清洗盐片，置于红外灯下烘干备用。将盐片放在池中央，将另一盐片平压在上面，拧紧螺丝，组装好液池，置于光度计的样品托架上，进行背景扫描。然后拆开液池,在盐片上滴一滴液体(苯乙酮)试样,将另一盐片平压在上面(不能有气泡),组装好液池。进行样品扫描,获得样品的红外吸收光谱图。扫描结束后将液池拆开,及时用丙酮洗去样品,并将盐片保存于干燥器中。

②固体样品的制备及测试。

在红外灯下,采用压片的方法将 1~2 mg 研成粒度为 2 μm 左右的粉末样品与 100~200 mg 光谱纯 KBr 粉末混匀再研磨,然后放入压膜内,在压片机上边抽真空边加压,压强约为 10 MPa,制成厚约 1 mm、直径约 10 mm 的透明薄片。采集背景后,将此片置于样品架上进行扫描,看透光率是否超过 40%,若达到 40%,测试结果正常;若未达到 40%,需根据情况增减样品量,然后重新压片。扫谱结束后,取下样品架,取出薄片,按要求将模具、样品架等清理干净,妥善保管。

# 第二节　制药工程常用仪器

## 一、电子天平

电子天平根据电磁力平衡原理直接称量,全量程不需砝码,放上被称物后,在几秒内即达到平衡;具有称量速度快、精度高、使用寿命长、性能稳定、操作简便和灵敏度高的特点。其应用越来越广泛,已逐步取代机械天平。

## 二、磁力搅拌器

磁力搅拌器是利用磁性物质同极相斥的特性,通过内部磁场不断旋转变化推动磁性搅拌子转动,依靠磁性搅拌子转动带动溶液旋转,使溶液均匀混合的一种仪器。

磁力搅拌器适用于加热、搅拌或加热与搅拌同时进行的操作,适用于黏稠度不是很大的液体或者固液混合物。其有温度和转速控制装置,使用时要缓慢转动旋钮,用后应把旋钮调回原位,并注意防潮。

(1)按顺序装好仪器,把装有待搅拌溶液的烧杯或圆底烧瓶放在磁力搅拌器加热盘正中。

(2)把搅拌子放在溶液中,将恒温传感器插入溶液中,接通电源。

(3)将搅拌速度由低调到高,不允许直接以高速挡启动,以免搅拌子不同步而跳动。

(4)不工作时应切断电源,以确保安全。

## 三、旋转蒸发仪

旋转蒸发仪主要用于在减压条件下连续蒸馏大量易挥发性溶剂,可以分离和纯化反应产物,尤其适用于萃取液的浓缩和色谱分离时接收液的蒸馏。旋转蒸发仪的基本原理是减压蒸馏,就是在减压的情况下,当溶剂蒸馏时,蒸馏烧瓶连续转动。

### 1. 仪器装置

蒸馏烧瓶是带有标准磨口接口的梨形或者圆底烧瓶,通过高度回流的蛇形冷凝管与减压泵连接,回流冷凝管的另一个开口与带有磨口的接收烧瓶相连,用于接收被蒸发的有机溶剂。在冷凝管与减压泵之间有一个三通活塞,当体系与大气相通时,可以将蒸馏烧瓶、接收烧瓶取下,转移溶剂;当体系与减压泵相通时,则体系处于减压状态。

### 2. 工作原理

通过电子控制,使烧瓶在最适宜的速度下恒速旋转,以增大蒸发面积。通过真空泵使蒸馏烧瓶处于负压状态。蒸馏烧瓶在旋转的同时置于水浴锅中恒温加热,使瓶内的溶液在负压下加热、扩散、蒸发。旋转蒸发器系统可以密封减压至 400~600 mmHg,用水浴法加热蒸馏烧瓶中的溶剂,加热温度可接近该溶剂的沸点;还可同时进行旋转,转速为 50~160 r/min,使溶剂形成薄膜,增大蒸发面积。此外,在高效冷却器的作用下,热蒸气可迅速液化,以加快蒸发速率。

### 3. 主要部件

(1)旋转的马达:通过旋转的马达带动盛有样品的蒸馏烧瓶。

(2)蒸发管:有两个作用,首先起到样品旋转支撑轴的作用,其次利用真空系统将样品吸出。

(3)真空系统:用来降低旋转蒸发仪系统的气压。

(4)流体加热锅:在通常情况下都是用水加热样品。

(5)冷凝管:使用双蛇形冷凝管或者冷凝剂(如干冰、丙酮)冷凝样品。

(6)冷凝样品收集瓶:样品冷却后进入收集瓶。

### 4. 使用方法

(1)冷凝器上有两个外接头,是接冷却水用的,一头接进水,另一头接出水。一般使用自来水,冷凝水温度越低,效果越好。上端口接真空泵抽真空。

(2)向流体加热锅中注满纯化水。

(3)调节仪器高低:手动升降时,转动机柱上面的手轮,顺转为上升,逆转为下降;电动升降时,手触"上升"键主机上升,手触"下降"键主机下降。

(4)开机前先将调速旋钮左旋到最小,按下电源开关(指示灯亮),然后慢慢往右旋至需要的转速,一般大蒸馏烧瓶用中低转速,黏度大的溶液用较低的转速。溶液量一般以不超过烧瓶容积的 50% 为宜。

(5)使用仪器时应先减压,再启动电机旋转蒸馏烧瓶;结束时应先停止电机,再通大气,以防蒸馏烧瓶在旋转中脱落。

### 5. 注意事项

(1)玻璃零件接装时应轻拿轻放,安装前应洗干净,然后擦干或烘干。

(2)各磨口仪器的密封面、密封圈及接头安装前都需要涂一层真空脂。

(3)流体加热锅通电前必须加水,不允许无水干烧。

(4)如真空抽不上来需检查:

①各接头的接口是否密封；

②密封圈、密封面是否有效；

③主轴与密封圈之间的真空脂是否涂好；

④真空泵及橡胶管是否漏气；

⑤玻璃件是否有裂缝、碎裂或损坏。

## 四、循环水式真空泵

### 1. 功能与用途

循环水式真空泵是以循环水为工作流体，利用流体射流产生的负压进行喷射的真空泵。其可为蒸发、蒸馏、结晶、干燥、升华、过滤、减压、脱气等过程提供真空条件，在化工、医药、生化、食品、农药等行业均有广泛的应用。

### 2. 使用方法

（1）打开水箱上盖，注入冷水（亦可经由放水软管加水），当水面即将升至水箱后面的溢水嘴的下限高度时停止加水。

（2）将需要抽真空的设备的抽气套管紧密套接于真空泵的抽气嘴上，关闭循环开关。

（3）接通真空泵的电源，打开启动开关，即可开始抽真空操作，可通过与抽气嘴对应的真空表观察真空度。

循环水式真空泵的极限真空度受水的饱和蒸气压限制。设备长时间作业，水温会升高，从而影响真空度。此时可将设备背后的放水口（下口）与自来水接通，通过溢水口（上口）排水。适当控制流量即可保持水箱内水温不升，真空度稳定。

## 五、显微熔点仪

### 1. 功能与用途

药物的熔点是药物由固态变为液态的温度。在有机化学、药物化学领域中，测定熔点是辨别药物本性的基本手段，也是检查药物纯度的重要手段。严格地说，熔点是在大气压下化合物的固液两相达到平衡时的温度。通常纯的有机化合物或原料药物都具有确定的熔点，而且固体从初熔到全熔的温度范围（称为熔程或熔距）很窄，一般为 0.5~1 ℃。但是如果样品中含有杂质，就会导致熔点下降、熔程变宽。因此，通过测定熔点、观察熔程，就可以很方便地鉴别未知物，并判断其纯度。

显微熔点仪广泛应用于医药、化工等的生产化验和检验，也广泛应用于高等院校、科研院所等单位对单晶或共晶等有机物质的分析、工程材料和固体物理的研究，还可用于观察物体在加热状态下的形变、色变及物体的三态转化等物理变化过程。

### 2. 使用方法

（1）对待测样品进行干燥处理。把待测样品研细，用干燥剂干燥，或者用烘箱直接快速烘干。

（2）取适量待测样品（不多于 0.1 mg）放在一片载玻片上，使其分布得薄而均匀，盖上另一片载玻片,轻轻压实,然后放置在加热单元中心。

（3）上下调节显微镜,从目镜中能看到加热单元中心的待测样品的轮廓时停止调节该手轮;然后调节调焦手轮,直至能清晰地看到待测样品的像为止。

（4）打开电源开关,测温仪显示出加热单元的即时温度值。

（5）设置起始温度并升温。根据被测样品的熔点控制调温手钮"1"或"2",以期在达到被测样品的熔点前的升温过程中,前段(距熔点40℃左右)升温迅速(以最高电压加热)、中段(距熔点10℃左右)升温减缓、后段(距熔点10℃以下)升温平稳(约每分钟升1℃)。

（6）通过显微镜细心观察被测样品的熔化过程,记录初熔和全熔时的温度,用镊子取下样品,完成一次测量。如需重复测定,只需将散热器放在加热单元上,电压调为零或切断电源,使温度降至熔点以下40℃即可。

（7）精密测定时,多次测定计算平均值。

（8）测定完毕应及时切断电源,待加热单元冷却至室温时,清理仪器并使其复原,以备下次使用。

## 六、单冲压片机

片剂的生产方法有粉末直接压片法和制粒后压片法两种。压片机是片剂制备过程必需的设备,直接影响到产品的质和量。其结构类型很多,但工艺过程和原理都近似。常用的压片机按结构可分为单冲压片机和旋转压片机。单冲压片机具有体积小、噪声低、片重差异小及操作方便等特点,且物料的填充深度、压片的厚度均可连续调节,为制备科研与制剂用实验室片剂的首选设备。

### 1.单冲压片机的基本结构

单冲压片机由中模、加料斗、饲料器、出片调节器、片重调节器、压力调节器、中模平台等组成,主要结构如图2-6所示。

1）中模

中模是压片机的主要工作元件,是压制药片的模具,包括上冲、模圈、下冲三个零件,上、下冲的结构相似,冲头直径相等且与模圈的模孔相配合,可以在模圈孔中自由滑动,但药粉不会泄漏。中模按结构可以分为圆形和异型(包括多边形和曲线形)。

2）加料斗

加料斗用于储存压片用颗粒或者粉末,不断补充原料,以便连续压片。

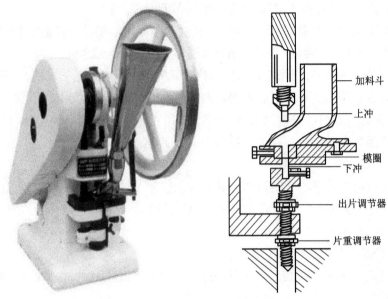

加料斗
上冲
模圈
下冲
出片调节器
片重调节器

**图 2-6　单冲压片机外形及结构示意**

3）饲料器

饲料器用于将颗粒或者粉末填满模孔，将下冲头顶出的片剂拨入收集器中。

4）出片调节器

出片调节器位于下冲杆上方，用于调节下冲头上升的高度，使下冲头端恰与模圈上缘相平，进而将压成的片剂从模孔中顶出，以利于饲料器推片。

5）片重调节器

片重调节器位于下冲杆下方，通过调节下冲在模孔内下降的深度调节模孔的容积，从而控制进入模孔的粉料的量，以调节片重。当下冲下移时，模孔的容积增大，药物填充量增大；相反，下冲上升时，模孔的容积减小，片剂量也减少。

6）压力调节器

压力调节器位于上冲杆上，可调节上冲下降的距离，以调节压力的大小和片剂的硬度。上、下冲距离越近，压力越大，片剂硬度越大；反之，受压小，片剂厚而松。

7）中模平台

中模平台的主要功能是固定模圈。

**2. 单冲压片机的装卸**

（1）安装下冲。旋松下冲的紧固螺栓，转动手轮使下冲插入下冲芯杆的孔中，注意使下冲杆的斜面缺口对准下冲紧固螺栓，要插到底，但不要拧紧。

（2）安装中模平台。将模圈平稳地置于中模平台上，同时使下冲进入模圈的孔中，借助中模平台的 3 个紧固螺栓固定，但不要拧紧。

（3）安装上冲。旋松上冲的紧固螺母，把上冲插入上冲芯杆中，要插到底，然后紧固螺母。

（4）转动手轮,使上冲缓慢下降到模圈中,观察有无碰撞或摩擦现象,若发生碰撞或摩擦,松开中模平台的紧固螺栓(两只),调整中模平台的固定位置,使上冲顺利进入模圈中,再旋紧中模平台的紧固螺栓。

（5）顺序旋紧中模平台的 3 个紧固螺栓,然后旋紧下冲的紧固螺栓。

（6）调节出片。缓慢地转动压片机的转轮,使下轮上升到最高位置,旋松调节螺母紧固螺栓,用拨杆调整环形的调节螺母,使下冲的上表面与中模孔的上表面平齐,旋紧调节螺母紧固螺栓。

（7）调节片重。旋松填充紧固手柄,顺时针旋转填充手轮,填充量增大,片剂量增加;逆时针旋转填充手轮,填充量减小,片剂量减少。调整完成后,拧紧紧固手柄。

（8）调节压力。松开紧固螺栓,用调压扳手顺时针旋转齿轮轴,压片压力增大,药片厚度减小;逆时针旋转齿轮轴,压片压力减小,药片厚度增大。压力调整完成后将紧固螺栓旋紧。

（9）装好饲料器、加料斗,转动压片机的转轮,如上、下冲移动自如,则安装正确。

（10）压片机的拆卸与安装顺序相反,拆卸顺序如下:加料斗→饲料器→上冲→中模平台→下冲。

### 3. 单冲压片机的工作原理

单冲压片机的工作过程如图 2-7 所示。

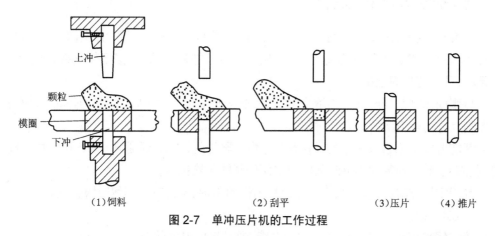

|（1）饲料|（2）刮平|（3）压片　（4）推片|

**图 2-7　单冲压片机的工作过程**

饲料器移动到模孔之上,下冲降至预先调好的适宜深度,则饲料器中的颗粒或者粉末顺势流入并填满模孔;饲料器由模孔上方移开,使模孔中的颗粒与模孔上缘相平;上冲下降并将待压颗粒或者粉末压制成型,压片后上冲抬起,下冲随之上升到恰与模孔缘相平,此时饲料器又移到模孔之上,将药片推入接收器中,同时下冲下降,模孔内又填满颗粒进行第二次饲料,如此反复进行。

### 4. 单冲压片机的使用方法

单冲压片机为小型台式连续压片机,既可以手动操作又可以电动操作,广泛用于实验室及小型生产中压制各种片剂。

单冲压片机安装完毕后加入待压颗粒或者粉末,摇动转轮,试压数片,称其片重,调节片重调节器,使压出的片重与设计片重相等,同时调节压力调节器,使压出的片剂有一定的硬度。调节适当后启动电动机进行试压,检查片剂的片重、硬度、崩解时限等,达到要求后方可正式压片。

在压片过程中应该经常检查片重、硬度等,发现异常应立即停机进行调整。

### 5.注意事项

(1)本机器只能按照手轮或防护罩上的箭头所示的方向旋转,不可反转,以免损坏机件,在压片调整时尤需注意。

(2)装好各部件后,摇动飞轮时上、下冲头应无阻碍地进出模圈,且无特殊噪声。

(3)调节出片调节器的时候使下冲上升到最高位置与中模平台平齐,用手指触摸时应略有凹陷的感觉。

(4)装平台时固定螺栓不要拧紧,待上、下冲头装好并在同一竖直线上,而且在模孔中能自由升降时,再旋紧平台固定螺栓。

(5)装上冲时,要在中模上放一块硬纸板,以防止上冲突然落下破坏上冲和中模。

(6)装上、下冲头时,一定要把上、下冲头插到冲芯杆底,并将紧固螺栓旋紧,以免开动机器时上、下冲杆不能上升、下降,从而造成叠片、松片、破坏冲头等现象。

## 七、智能升降式崩解仪

崩解指某些口服固体制剂在规定的条件下、时间内崩解成碎粒,并全部通过筛网(不溶性包衣材料或破碎的胶囊壳除外)。如有少量不能通过筛网,但已软化或轻质上漂且无硬心,可按符合规定论。

口服固体制剂崩解是药物溶出的前提,崩解时限是《中华人民共和国药典》所规定的该制剂允许崩解或溶散的最长时间。

智能升降式崩解仪是根据《中华人民共和国药典》2015版通则0921中有关片剂、胶囊剂、滴丸剂、丸剂等的崩解时限的规定而研制的药检机器。

凡规定检查溶出度、释放度或分散均匀性的制剂,不再进行崩解时限检查。

### 1.仪器装置

该仪器采用单片微型计算机控制系统,通过集成温度传感器对水浴温度进行恒温控制;通过两个同步电机带动两组吊篮做升降运动,并对它们的运动时间分别进行控制。当设定的检测过程结束,检测、控制系统发生故障以及水浴温度超高、超低时,仪器均发出声、光警示信号,并具有自动保护功能。智能升降式崩解仪的外形如图2-8所示。

智能升降式崩解仪的主要结构为能升降的金属支架与下端镶有筛网的吊篮,并附有挡板。

能升降的金属支架上下移动的距离为(55±2)mm,往返频

图2-8 智能升降式崩解仪

率为 30~32 次 /min。

（1）吊篮。

吊篮有玻璃管 6 根，管长（77.5 ± 2.5）mm，内径 21.5 mm，壁厚 2 mm；透明塑料板 2 块，直径 90 mm，厚 6 mm，板面有 6 个孔，孔径 26 mm；不锈钢板 1 块（放在上面的透明塑料板上），直径 90 mm，厚 1 mm，板面有 6 个孔，孔径 22 mm；不锈钢丝筛网 1 张（放在下面的透明塑料板下），直径 90 mm，筛孔内径 2 mm；不锈钢轴 1 根（固定在上面的透明塑料板与不锈钢板上），长 80 mm。将 6 根玻璃管垂直置于 2 块透明塑料板的孔中，并用 3 只螺丝将不锈钢板、透明塑料板和不锈钢丝筛网固定。升降式崩解仪的吊篮结构如图 2-9 所示。

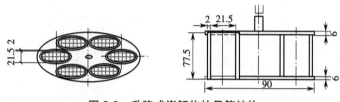

**图 2-9　升降式崩解仪的吊篮结构**

（2）挡板。

挡板为平整、光滑的透明塑料块，相对密度为 1.18~1.20，直径为（20.7 ± 0.15）mm，厚（9.5 ± 0.15）mm。挡板共有 5 个孔，孔径为 2 mm，1 个孔在中心，其余 4 个孔距中心 6 mm，各孔间距相等。挡板侧边有 4 个等距离的 V 形槽，V 形槽上端宽 9.5 mm，深 2.55 mm，底部开口处的宽与深均为 1.6 mm。升降式崩解仪的挡板结构如图 2-10 所示。

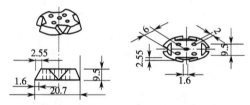

**图 2-10　升降式崩解仪的挡板结构**

### 2. 崩解时限检查法

1）片剂

（1）常规检查。

将吊篮通过上端的不锈钢轴悬挂于金属支架上，浸入 1 000 mL 的烧杯中，调节吊篮的位置，使其下降时筛网距烧杯底部 25 mm，烧杯内盛有温度为（37 ± 1）℃的水（或规定的介质），调节液面高度，使吊篮上升时筛网在液面下 15 mm 处，吊篮顶部不可浸没于溶液中。

除另有规定外，取供试品 6 片，分别置于吊篮的玻璃管中，启动崩解仪进行检查，各片均应在规定时间内全部崩解。如有 1 片不能完全崩解，应另取 6 片复试，均应符合规定。若供试品漂浮,则加挡板。如供试品黏附挡板,应另取 6 片,不加挡板按上述方法检查,均应符合规定。除不溶性包衣材料,待查的片剂应全部通过筛网。如有少量不能通过筛网,但已软化或轻质上浮且无硬心,可判为合格。各类片剂崩解时限检查规定见表 2-2。

表 2-2　各类片剂崩解时限检查规定

| 剂型 | 崩解介质 | 温度 /℃ | 崩解时限 /min |
|---|---|---|---|
| 口服普通片 | 水 | 37±1 | 15 |
| 薄膜衣片 | 盐酸溶液(9→1 000) | 37±1 | 30(化药) |
| | | | 60(中药) |
| 糖衣片 | 水 | 37±1 | 60 |
| 含片 | 水 | 37±1 | 10(不崩解、溶化) |
| 舌下片 | 水 | 37±1 | 5 |
| 可溶片 | 水 | 20±5 | 3 |
| 肠溶衣片 | ①盐酸溶液(9→1 000)<br>②磷酸盐缓冲液(pH=6.8) | 37±1 | ①120(不裂缝、崩解或软化)<br>②60(崩解) |
| 结肠定位肠溶片 | ①盐酸溶液(9→1 000)及磷酸盐缓冲液(pH=6.8)<br>②磷酸盐缓冲液(pH=7.5~8.0) | 37±1 | ①(不裂缝、崩解或软化)<br>②60(崩解) |
| 泡腾片 | 水 | 20±5 | 5 |
| 中药浸膏<br>(半浸膏)片 | 水 | 37±1 | 60 |
| 中药全粉片 | 水 | 37±1 | 30 |

注:①、②是检查的先后顺序,两次检查中间将吊篮取出用水洗涤。

(2)口崩片检查。

口崩片检查为《中华人民共和国药典》2015 版新增的检测项目。除另有规定外,照下述方法检查。

仪器装置的主要结构为能升降的支架与下端镶有筛网的不锈钢管。能升降的支架上下移动的距离为(10±1)mm,往返频率为 30 次/min。崩解篮为不锈钢管,管长 30 mm,内径 13 mm,不锈钢筛网(镶在不锈钢管底部)筛孔内径为 710 μm,结构如图 2-11 所示。

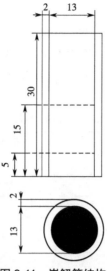

图 2-11　崩解篮结构

检查时将不锈钢管固定于支架上,浸入 1 000 mL 的烧杯中,杯内盛有温度为 (37±1) ℃的水约 900 mL;调节水位,使不锈钢管处于最低位时筛网在水面下 (15±1)mm。启动仪器,取本品 1 片,置于上述不锈钢管中进行检查,应在 60 s 内全部崩解并通过筛网,如有少量轻质上浮或黏附于不锈钢管内壁或筛网但无硬心,可作符合规定论。重复测定 6 片,均应符合规定。如有 1 片不符合规定,应另取 6 片复试,均应符合规定。

2)胶囊剂

除另有规定外,取供试品 6 粒,按片剂的检查装置与方法(如胶囊漂浮于液面上,可加挡板)检查。各粒均应在规定时间内全部崩解。如有 1 粒不能完全崩解,应另取 6 粒复试,均应符合规定。除破碎的胶囊壳外,待查的胶囊剂应全部通过筛网。如有少量不能通过筛网,但已软化或轻质上浮且无硬心,可判为合格。各类胶囊剂崩解时限检查规定见表 2-3。

表 2-3　各类胶囊剂崩解时限检查规定

| 剂型 | 崩解介质 | 温度 /℃ | 崩解时限 /min |
|---|---|---|---|
| 硬胶囊 | 水 | 37±1 | 30 |
| 软胶囊 | 人工胃液 | 37±1 | 60 |
| 肠溶胶囊 | ①盐酸溶液(9→1 000) ②人工肠液 | 37±1 | ① 120(不裂缝、崩解) ② 60(崩解) |
| 结肠溶胶囊 | ①盐酸溶液(9→1 000) ②磷酸盐缓冲液(pH=6.8) ③磷酸盐缓冲液(pH=7.8) | 37±1 | ① 120(不裂缝、崩解) ② 180(不裂缝、崩解) ③ 60(崩解) |

注:①、②、③是检查的先后顺序,两次检查中间将吊篮取出用水洗涤。

3）滴丸剂

仍使用片剂的装置,但不锈钢丝筛网的筛孔内径应为 0.425 mm。除另有规定外,取供试品 6 粒,按片剂的方法检查,各粒均应在规定时间内全部溶散。如有 1 粒不能完全溶散,应另取 6 粒复试,均应符合规定。各类滴丸剂崩解时限检查规定见表 2-4。

表 2-4　各类滴丸剂崩解时限检查规定

| 剂型 | 崩解介质 | 温度 /℃ | 崩解时限 /min |
|---|---|---|---|
| 普通滴丸 | 水 | 37 ± 1 | 30 |
| 包衣滴丸 | 水 | 37 ± 1 | 60 |
| 明胶基质滴丸 | 人工胃液 | 37 ± 1 | 30 |

### 3. 使用方法

1）开机设定温度和加热

（1）准备。

水浴箱注水到规定的高度,按电源开关接通电源,此时电源指示灯应亮,时间显示窗应显示“00:00”,温度显示窗应显示水浴的实际温度,水箱内的水开始循环流动。

（2）设定温度。

仪器自动设置温度为 37 ℃,需要改变预置温度时,先按一下“+”或“-”键显示出预置值,接着每按一下“+”或“-”键可增大或减小 0.1 ℃,持续按键可快速增或减。预置温度可在 5~40 ℃的范围内任意设定,但设定值应高于室内的环境温度,设定完毕后将重新显示实测水温。

（3）加热。

若设定的预置温度确认无误,按一下“启 / 停”键,加热指示灯亮,仪器进入加热控温状态,水浴温度逐渐升至预置温度并保持恒温。加热指示灯指示加热工作状态,温度显示窗显示实测水温。

水浴温度达到预置温度并稳定于恒温状态后方可开始崩解实验。若实测烧杯内液体的温度比显示的温度偏低,可适当提高预置温度。

2）设定时间

仪器有左、右两组吊篮,可分别独立进行崩解实验。与之相对应的左、右两个时间显示窗可分别显示各自的实验时间和预置时间。仪器自动设定预置时间为 15 min,通过时间控制的“+”或“-”键、“启 / 停”键可进行时间的预置和实验的各种操作。

3）准备溶液

按“升降”键,使吊臂停止在最高位置,以便装取烧杯和吊篮。向各个烧杯内分别注入所需的实验溶液,然后将其装入水浴箱的杯孔中。再将各个吊篮分别放入烧杯内,并悬挂在支臂的吊钩上。应注意,此时杯外的水位不应低于杯内的水位,否则应补充水浴箱中的水。

仪器备有水位测尺,用于调整烧杯内液面的高度,使吊篮升到最高位置时筛网距杯内液面(15±2)mm,否则应调整烧杯内的液体。

4)崩解实验

水浴温度稳定在恒温设定值后,杯内溶液的温度稍后也将稳定于规定值[《中华人民共和国药典》2015版规定为(37±1)℃],此时即可进行崩解实验。将待测药剂放入吊篮的各个试管内,必要时放入挡块(注意排出挡块下面的气泡,以免其浮出液面)。然后按"升降"键使吊篮升降。实验定时终止前1 min,蜂鸣器自动鸣响3声,并且时间显示窗中时间的左边两位开始闪烁,此时用户应观察各吊篮的玻璃管中药剂的崩解状况。实验定时到后,吊篮自动停止在最高位置。

5)结束实验

按电源开关断电,从水浴箱中取出烧杯与吊篮,处理溶液,清洗仪器,放置备用。

### 4. 注意事项

(1)将仪器置于平稳、牢固的工作台上,要求工作环境无振动,无噪声,干燥通风。

(2)水槽中无水时,严禁启动电加热,否则会损坏加热器。

(3)供电电源应有地线且接地良好。

(4)主机箱后方、水箱上方引出的导气管通过尼龙单向阀连接,为防止水槽中的水虹吸倒流,不可接反(接反则无气泡产生)。

(5)崩解实验完毕,关闭电源开关。若较长时间不用仪器,应拔下电源插头。

## 八、片剂硬度测定仪

片剂应有适宜的硬度,以免在包装、运输过程中破碎或磨损。因此,片剂的硬度是反映片剂的生产工艺水平、质量的一项重要指标。

### 1. 仪器装置

智能片剂硬度仪是专门用于测量固体制剂的硬度和直径的药检仪器,广泛用于药厂,医药教研、科研和药检部门的实验室。该仪器智能化程度高,采用高精度荷重传感器和液晶显示屏,显示内容丰富,易于观察。其对片剂的硬度和直径既可连续测量又可手动测量,并可以对实验结果进行统计、分析、显示、打印。智能片剂硬度仪的外形如图2-12所示。

**图2-12　智能片剂硬度仪**

### 2. 使用方法

（1）将仪器放置在平稳的工作台上，避免振动影响测量精度。

（2）接通电源，打开电源开关，电源开关上的灯亮，仪器进入自检程序，若自检正常，LCD屏显示"按任意键进入主菜单"，仪器即可以投入正常使用。

（3）在开始任何实验前都需要进行参数设置，对测量方式、测量片数、测量单位、硬度上限、硬度下限、等待时间、日期、时间、语言等参数进行设置。

（4）主菜单参数设置完成后，将药片放在滑动板上，按"开始"键即可开始实验。仪器会自动测量出样品的硬度及直径。实验结束后，LCD屏上显示实验数据及统计结果，如果安装了打印机可将结果打印出来。

（5）测量结束，用毛刷将探头及测量台清理干净，关闭电源。

### 3. 注意事项

（1）仪器应平稳放置，防止振动。

（2）仪器在开始使用前要预热15 min。

（3）禁止用水清洗压力头、滑动板及压力传感器的受压面。

（4）禁止用硬质毛刷清理仪器，以免损伤仪器。

（5）每次测量完成后加力头返回初始位置时，应清除样品残片，并放入下一个待测样品。

（6）在测量过程中，测量值超出预置的上限、下限值时会有蜂鸣提示，且仪器会暂停。

## 九、片剂脆碎度检测仪

片剂受到振动或摩擦之后易发生碎片、顶裂、破碎等情况，直接影响片剂的生产、包装、运输和使用。脆碎度可反映片剂的抗磨损、抗振动能力，是片剂质量标准的重要检测项目之一。因此，脆碎度是反映片剂质量的一项重要指标。《中华人民共和国药典》规定必须对片剂进行脆碎度检查。FT—2000AE系列脆碎度检测仪是一种检查片剂的脆碎度的专门仪器，见图2-13。它功能齐全，操作简便，性能指标完全符合《中华人民共和国药典》以及《美国药典》的相关规定。

### 1. 仪器装置

仪器内有一个内径约为286 mm、深度为39 mm、内壁抛光、一边可打开的透明耐磨塑料圆筒，筒内有一个自中心轴套向外壁延伸的弧形隔片 [ 内径为（80±1）mm，内弧表面与轴套外壁相切 ]。圆筒转动时，片剂滚动。圆筒固定于同轴的水平转轴上，转轴与电动机相连，转速为（25±1）r/min。每转动一圈，片剂会滚动或滑动至筒壁或其他片剂上。

### 2. 使用方法

片剂脆碎度检查法检查片剂在规定的脆碎度检测仪圆筒中滚动100次后质量减小的百分数，用于检查片剂的脆碎情况及物理强度，如压碎强度。

1）准备

将清洁、干净的仪器放置在平稳、牢固的工作台上，仪器四周应留有足够的空间，要求工作环境无振动,无噪声,温、湿度适宜,无腐蚀性气体。

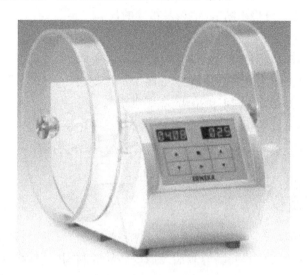

**图 2-13　脆碎度检测仪**

2)通电

接通电源,指示灯亮,打开电源开关,同时听到一声鸣响,仪器便自动设置在常规的工作状态,时间显示 4 min(04:00)。

3)装样品

按《中华人民共和国药典》2015 版通则 0923 片剂脆碎度检查法的有关规定,片重为 0.65 g 或以下者取若干片,使总重约为 6.5 g;片重大于 0.65 g 者取 10 片。用吹风机吹去脱落的粉末,精确称重。取下设备上的防脱钮,将装药轮鼓沿着转轴方向慢慢拔出,鼓盖朝上,放置在平软的台面上,打开鼓盖,放入样品,重新安装到转轴上,注意左右两轮鼓不可调换,轮鼓上的定位孔对准定位销,推入装好,装上防脱钮,转动 100 次。

4)设定时间

若作常规测试,仪器已预置好 4 min(100 次),不需改动;若有特殊需要,可通过"▲"键或"▼"键进行时间调整,每按一次时间增加或减少 1 min。

5)测试

以上准备工作完成后按"启动"键,测试开始,使轮鼓匀速(25 r/min)转动,仪器自动计时。仪器以倒计时的方式工作(显示工作剩余时间),待显示时间为 00:00 时,电机自动停止,同时有蜂鸣声提示,而后仪器自动返回初始状态,准备作下一次测试。

6)结束

旋开防脱钮的固定螺丝,取下防脱钮,摘下轮鼓,取出样品,如前所述除去松散的粉末或颗粒,精确称重,样品质量减小的百分数不得超过 1%,且不得检出断裂、龟裂及粉碎的片。

本实验一般仅进行 1 次。如质量减小的百分数超过 1%,应复检 2 次, 3 次数据的平均值不得超过 1%,并不得检出断裂、龟裂及粉碎的片。

**3. 注意事项**

(1)可以通过调节仪器四角的螺丝使仪器保持水平并平稳。

(2)如供试品的形状和大小使片剂在圆筒中不规则滚动,可调节圆筒的底座,使其与桌面成 10° 的角,则实验时片剂不再聚集,能顺利下落。

(3)由于形状或大小在圆筒中严重不规则滚动或采用特殊工艺生产的片剂不适合采用本法检查,可不进行脆碎度检查。对易吸水的制剂,操作时应注意防止吸湿(通常控制相对湿度小于 40%)。

# 十、智能溶出仪

溶出度指活性药物成分在规定条件下从片剂、胶囊剂或颗粒剂等制剂中溶出的速率和程度,在缓释制剂、控释制剂、肠溶制剂及透皮贴剂等制剂中也称为释放度。对部分难溶性药物而言,崩解度合格并不一定能保证药物快速而完全地溶解出来。因此,《中华人民共和国药典》对有些药物规定了溶出度检查,凡检查溶出度的制剂,不再进行崩解时限检查。

智能溶出仪是专门用于检测口服固体制剂(片剂、胶囊剂、颗粒剂等)的溶出度的药物实验仪器,它能模拟人体的胃肠道环境及过程,配合适当的检测方法可检测出药物制剂的溶出度。它是一种检测药物制剂的内在质量的体外实验装置,广泛用于药物的研究、生产和检验。

**1. 仪器装置**

《中华人民共和国药典》2015 版通则 0931 收载了溶出度与释放度测定方法,分别是第一法篮法、第二法桨法、第三法小杯法、第四法桨碟法和第五法转筒法。由于第四法和第五法适用于透皮贴剂,本书不涉及,故不作介绍。

1)篮法

(1)转篮分为篮体与篮轴两部分,均由不锈钢或其他惰性材料(所用材料不应有吸附作用,不应干扰实验中供试品活性药物成分的测定)制成,其形状尺寸如图 2-14 所示。篮体 A 由方形筛孔 [丝径为(0.28 ± 0.03)mm,网孔为(0.4 ± 0.04)mm] 制成,呈圆柱形,转篮内径为(20.2 ± 1.0)mm,上下两端都有封边。篮轴 B 的直径为(9.75 ± 0.35)mm,轴的末端连有一个圆盘,作为转篮的盖;盖上有一个通气孔 [孔径为(2.0 ± 0.5)mm];盖边系两层,上层直径与转篮外径相同,下层直径与转篮内径相同;盖上的 3 个弹簧片与中心成120° 角。

(2)溶出杯是由硬质玻璃或其他惰性材料制成的透明或棕色的、底部为半球形的1 000 mL 的杯状容器,内径为(102 ± 4)mm,高(185 ± 25)mm。溶出杯配有适宜的盖子,以防止在实验过程中溶出介质蒸发;盖上有适当的孔,中心孔为篮轴的位置,其他孔供取样或测量温度用。溶出杯置于恒温水浴或其他适当的加热装置中。

（3）篮轴与电动机相连,用速度调节装置控制电动机的转速,使篮轴的转速在供试品规定转速的 ±4% 之内,运转时整套装置应保持平稳,不能出现明显的晃动或振动（包括装置所处的环境）。转篮转动时,篮轴与溶出杯的垂直轴在任一点的偏差均不得大于 2 mm,且转篮下缘摆动不得偏离轴心 1.0 mm。

（4）仪器一般装有 6 套操作装置,可一次性测定 6 片（粒、袋）供试品。

2）桨法

桨法所用装置中除将转篮换成搅拌桨外,其他装置和要求与篮法相同。搅拌桨的下端及桨叶部分可涂适当的惰性材料（如聚四氟乙烯）,其形状尺寸如图 2-15 所示。桨杆旋转时桨轴与溶出杯的垂直轴在任一点的偏差均不得大于 2 mm。搅拌桨旋转时 A、B 不得超过 0.5 mm。

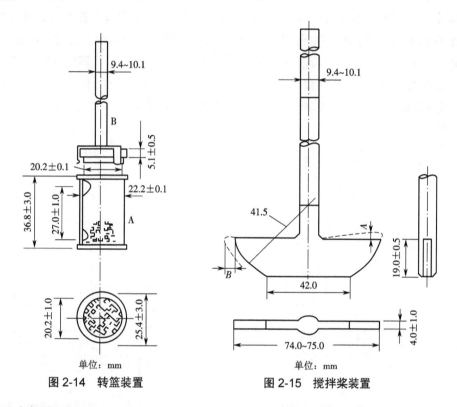

图 2-14　转篮装置　　　　图 2-15　搅拌桨装置

3）小杯法

（1）搅拌桨桨杆上部直径为（9.75 ± 0.35 ）mm,下部直径为（6.0 ± 0.2 ）mm。桨杆旋转时桨轴与溶出杯的垂直轴在任一点的偏差均不得大于 2 mm。搅拌桨旋转时 A、B 均不得超过 0.5 mm。小杯法的搅拌桨装置如图 2-16 所示。

（2）溶出杯是由硬质玻璃或其他惰性材料制成的透明或棕色的、底部为半球形的 250 mL 的杯状容器,如图 2-17 所示,其内径为（62 ± 3 ）mm,高为（126 ± 6 ）mm,其他要求同篮法。

（3）搅拌桨与电动机相连,转速应在供试品规定转速的 ±4% 内,其他要求同桨法。

### 2. 测定方法

1）第一法篮法和第二法桨法

对于普通制剂,测定前应对仪器装置进行必要的调试,使转篮或桨叶底部距溶出杯内底部(25±2)mm。量取溶出介质,置于各溶出杯内,实际量取的体积与规定体积的偏差应在 ±1% 之内。待溶出介质的温度恒定在(37±0.5)℃后,取 6 片(粒、袋)供试品,如为第一法,分别投入 6 个干燥的转篮内,将转篮降入溶出杯中;如为第二法,将供试品分别投入 6 个溶出杯内(当品种项下规定使用沉降篮时,可将胶囊剂装入规定的沉降篮内;当品种项下未规定使用沉降篮时,如胶囊剂浮于液面上,可将一小段耐腐蚀的细金属丝轻绕于胶囊外壳上。沉降篮的形状尺寸如图 2-18 所示),注意避免供试品表面产生气泡。然后立即按各品种项下规定的转速启动仪器,计时,至规定的取样时间(实际取样时间与规定时间的差异不得超过 ±2%),吸取适量溶出液,立即用适当的微孔滤膜(滤孔应不大于 0.8 μm,用惰性材料制成,以免吸附活性成分或干扰分析测定)过滤,自取样至过滤应在 30 s 内完成。取澄清溶液,按该品种项下规定的方法测定,计算每片(粒、袋)的溶出量。如果需要多次取液,所量取的溶出介质的体积之和应在溶出介质总体积的 1% 之内,如超过总体积的 1%,应及时补充相同体积的温度为(37±0.5)℃的溶出介质,或在计算时加以校正。

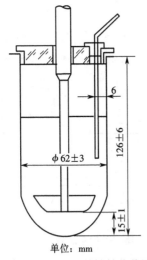

图 2-16　小杯法的搅拌桨装置

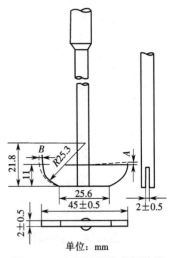

图 2-17　小杯法的溶出杯装置

缓释制剂或控释制剂按普通制剂的方法操作,但至少采用 3 个取样时间点,在规定的取样时间点吸取适量溶液,及时补充相同体积的温度为(37±0.5)℃的溶出介质,过滤,自取样至过滤应在 30 s 内完成。按各品种项下规定的方法测定,计算每片(粒)的溶出量。

肠溶制剂按下列方法一或方法二操作。

（1）方法一。

测定酸中溶出量。除另有规定外,量取 0.1 mol/L 的盐酸溶液 750 mL 置于各溶出杯内,实际量取的体积与规定体积的偏差应在 ±1% 之内。待溶出介质的温度恒定在

（37±0.5）℃后,取6片（粒）供试品分别投入转篮或溶出杯中（当品种项下规定使用沉降篮时,可将胶囊剂装入规定的沉降篮内;当品种项下未规定使用沉降篮时,如胶囊剂浮于液面上,可将一小段耐腐蚀的细金属丝轻绕于胶囊外壳上）,注意避免供试品表面产生气泡。然后立即按各品种项下规定的转速启动仪器,2 h后在规定的取样时间点吸取适量溶出液,过滤,自取样至过滤应在30 s内完成。按各品种项下规定的方法测定,计算每片（粒）的酸中溶出量。

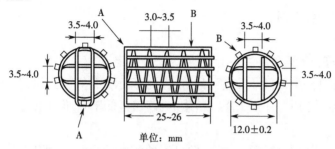

**图2-18 沉降篮装置**

A—耐酸金属卡;B—耐酸金属支架

其他操作同普通制剂的操作方法。

测定缓冲液中溶出量。向上述酸液中加入温度为（37±0.5）℃的0.2 mol/L的磷酸钠溶液250 mL（必要时用2 mol/L盐酸溶液或2 mol/L氢氧化钠溶液调节pH值至6.8）,继续运转45 min,或按各品种项下规定的时间,在规定的取样时间点吸取适量溶出液,过滤,自取样至过滤应在30 s内完成。按各品种项下规定的方法测定,计算每片（粒）的缓冲液中溶出量。

（2）方法二。

测定酸中溶出量。除另有规定外,量取0.1 mol/L的盐酸溶液900 mL注入每个溶出杯中,按方法一酸中溶出量项下进行测定。

测定缓冲液中溶出量时,弃去上述各溶出杯中的酸液,立即加入温度为（37±0.5）℃的磷酸盐缓冲液（pH=6.8）（取0.1 mol/L的盐酸溶液和0.2 mol/L的磷酸钠溶液,按3∶1的比例混合均匀,必要时用2 mol/L的盐酸溶液或2 mol/L的氢氧化钠溶液调节pH值至6.8）900 mL,或将每片（粒）供试品转移至另一个盛有温度为（37±0.5）℃的磷酸盐缓冲液（pH=6.8）900 mL的溶出杯中,按方法一缓冲液中溶出量项下进行测定。

2）第三法小杯法

对于普通制剂,测定前应对仪器装置进行必要的调试,使桨叶底部距溶出杯内底部（15±2）mm。量取经脱气处理的溶出介质,置于各溶出杯内,介质的体积为150~250 mL,实际量取的体积与规定体积的偏差应在±1%之内。待溶出介质的温度恒定在（37±0.5）℃后,取6片（粒、袋）供试品,分别投入6个溶出杯内,将桨叶降入溶出杯中,注意供试品表面不要有气泡。按各品种项下规定的转速启动仪器,计时,至规定的取样时间（实际取样时间与规定时间的差异不得超过±2%）,吸取适量溶出液,立即用适当的微孔滤膜（滤孔应不大于 0.8 μm,用惰性材料制成,以免吸附活性成分或干扰分析测定)过滤,自取样至过滤应在 30 s 内完成。取澄清溶液,按该品种项下规定的方法测定,计算每片(粒、袋)的溶出量。如果需要多次取液,所量取的溶出介质的体积之和应在溶出介质总体积的 1% 之内,如超过总体积的 1%,应及时补充相同体积的温度为(37 ± 0.5)℃的溶出介质,或在计算时加以校正。

缓释制剂或控释制剂按第三法普通制剂的方法操作,其余要求同第一法和第二法项下的缓释制剂或控释制剂。

### 3. 结果判定

普通制剂,符合下述条件之一者,可判为符合规定。

(1)6 片(粒、袋)中,每片(粒、袋)的溶出量按标示量计算,均不低于规定的限度($Q$)。

(2)6 片(粒、袋)中,有 1~2 片(粒、袋)的溶出量低于 $Q$,但不低于 $Q$-10%,且平均溶出量不低于 $Q$。

(3)6 片(粒、袋)中,如有 1~2 片(粒、袋)的溶出量低于 $Q$,其中仅有 1 片(粒、袋)的溶出量低于 $Q$-10%,但不低于 $Q$-20%,且平均溶出量不低于 $Q$,应另取 6 片(粒、袋)复试;初、复试的 12 片(粒、袋)中,有 1~3 片(粒、袋)的溶出量低于 $Q$,其中仅有 1 片(粒、袋)的溶出量低于 $Q$-10%,但不低于 $Q$-20%,且平均溶出量不低于 $Q$。

以上所述的 10%、20% 是相对于标示量的百分率(%)。

缓释制剂或控释制剂,除另有规定外,符合下述条件之一者,可判为符合规定。

(1)6 片(粒)中,每片(粒)在每个时间点测得的溶出量按标示量计算,均未超出规定的范围。

(2)6 片(粒)中,在每个时间点测得的溶出量,有 1~2 片(粒)超出规定的范围,但未超出规定范围的 10%,且平均溶出量未超出规定的范围。

(3)6 片(粒)中,在每个时间点测得的溶出量,如有 1~2 片(粒)超出规定的范围,其中仅有 1 片(粒)超出规定范围的 10%,但未超出规定范围的 20%,且平均溶出量未超出规定的范围,应另取 6 片(粒)复试;初、复试的 12 片(粒)中,在每个时间点测得的溶出量,有 1~3 片(粒)超出规定的范围,其中仅有 1 片(粒)超出规定范围的 10%,但未超出规定范围的 20%,且平均溶出量未超出规定的范围。

以上所述的 10%、20% 是相对于标示量的百分率(%)。不超出规定范围的 10% 指每个时间点测得的溶出量不低于低限 10% 或不高于高限 10%。每个时间点测得的溶出量应包括最终时间测得的溶出量。

肠溶制剂,除另有规定外,符合下述条件之一者,可判为符合规定。

1)酸中溶出量

(1)6 片(粒)中,每片(粒)的溶出量均不大于标示量的 10%。

(2)6 片(粒)中,有 1~2 片(粒)的溶出量大于 10%,但平均溶出量不大于 10%。

2)缓冲液中溶出量

(1)6 片(粒)中,每片(粒)的溶出量按标示量计算均不低于规定的限度($Q$);除另有规定外，$Q$ 应为标示量的 70%。

（2）6 片（粒）中，有 1~2 片（粒）的溶出量低于 $Q$，但不低于 $Q$-10%，且平均溶出量不低于 $Q$。

（3）6 片（粒）中，如有 1~2 片（粒）的溶出量低于 $Q$，其中仅有 1 片（粒）的溶出量低于 $Q$-10%，但不低于 $Q$-20%，且平均溶出量不低于 $Q$，应另取 6 片（粒）复试；初、复试的 12 片（粒）中，有 1~3 片（粒）的溶出量低于 $Q$，其中仅有 1 片（粒）的溶出量低于 $Q$-0%，但不低于 $Q$-20%，且平均溶出量不低于 $Q$。

以上所述的 10%、20% 是相对于标示量的百分率（%）。

**4. 溶出条件和注意事项**

（1）溶出仪的适用性及性能确认实验。

除仪器的各项机械性能应符合上述规定外，还应采取溶出度标准片对仪器进行性能确认实验，按照标准片的说明书操作，实验结果应符合标准片的规定。

（2）溶出介质。

应使用供试品规定的溶出介质，并应新鲜配制和经脱气处理（溶解的气体在实验过程中可能形成气泡，从而影响实验结果，因此溶解的气体应在实验之前除去，可采用下列方法进行脱气处理：取溶出介质，在缓慢搅拌下加热至 41 ℃，并在真空条件下不断搅拌 5 min 以上；或采用煮沸、超声、抽滤等其他有效的除气方法）。如果溶出介质为缓冲液，需要调节 pH 值，一般调节 pH 值至规定的 pH 值 ±0.05。

（3）如胶囊壳对分析有干扰，应取不少于 6 粒胶囊，尽可能除尽其内容物，置于同一个溶出杯内，用供试品规定的分析方法测定每个空胶囊的空白值，作必要的校正。如校正值大于标示量的 25%，实验无效；如校正值不大于标示量的 2%，可忽略不计。

（4）切勿在缺水的情况下接通电源。

（5）水浴箱的水位略高于溶出杯内液面的高度，否则会影响实验结果。

（6）加热启动后，若水浴箱中的水未循环，应立即检查管路与接嘴是否顺畅，水泵内是否有空气，予以排除。

（7）水浴箱换水时，将随机附带的排水管插头端插入接嘴插座即可排水。

（8）勿使用有机溶剂清洗仪器外壳。

**5. 使用方法**

1）安装溶出杯

（1）仰起机头，将清洗干净的各个玻璃溶出杯放入水浴箱的各孔中，并用压块压住。

（2）使机头回到水平位置，将 6 根转杆倒置，由上向下插入机头的各轴孔中，从下面伸出，指向杯口。在最左侧、最右侧的 2 个溶出杯上放置中心盖，然后移动水浴箱，使两侧的转杆与溶出杯的中心同心，如此反复调整，确定水浴箱的位置。

（3）利用中心盖检查每个溶出杯是否与转杆同心。若不同心，可用杯口旁的 3 个偏心轮调整溶出杯在杯孔中的同心位置（此时不能再移动水浴箱），使之同心，并固定偏心轮。最后复检一遍各杆与溶出杯的同心度，合格后将各转杆取下。

（4）仰起机头，取出一个溶出杯，并从该杯孔处向水浴箱内注入蒸馏水，使水达到红色标线处，再装入取出的那个溶出杯。

2）安装转杆

（1）桨法是将桨杆上端分别插入仰起的机头底部的各轴孔中缓缓向上推，使其在机头上下露出的部分大致相当；篮法是将6根篮杆由下向上分别插入仰起的机头下部的各轴孔中，上端伸出机头10 cm左右，用手指捏住转篮开口端的钢环，将其轻轻推入篮杆下端的三爪卡簧内。

（2）从附件箱中取出定位测量球（直径为25 mm），分别放入各溶出杯内，放下机头至水平位置。

（3）缓缓压下各转杆上端，直至桨叶或转篮底部接触到测量球。

（4）将离合器有拨齿的一端朝下分别从各转杆上端套入，并使下端的拨齿嵌入轴套的凹槽中，再拧紧离合器。

（5）仰起机头，取出杯中的测量球，放回附件箱。

（6）小杯法安装方法同上，但须使用附带的直径为15 mm的定位测量球。

3）接通电源

（1）使电源开关指向"开"位，液晶屏显示主菜单，选择实验模式。

（2）常规选择基本实验模式，按"确认"键进行基本实验参数设置，包括转速、温度。

（3）参数设置完成后，按"确认"键进入基本实验运行界面。

（4）仰起机头，向溶出杯内注入所需的溶剂，盖好保温盖。

（5）按"加热"键开启加热功能，此后温度显示值逐渐上升，升至设定的温度值后自动维持恒温状态。

（6）仰起机头，向杯内或转篮内加入待测药片，将机头恢复至水平位置。立即按"转动"键启动搅拌桨或转篮，同时按下"计时"键，开始溶出实验。

（7）取样时间到，手动或自动取样，并进行检测，计算溶出率。

（8）关停转杆和温控，关闭电源。拧松离合器，仰起机头，取下转杆，清洗、干燥，放入附件箱。取出溶出杯，倒掉残液，清洗干净。

# 十一、蠕动泵

蠕动泵是为智能溶出仪自动取样器配备的溶媒输送泵，它利用弹性泵管的断续性挤压和放松把溶媒从泵管的一端输送到另一端。蠕动泵在医药、化工等行业中有广泛的用途，特别适用于输送具有腐蚀性的溶媒。

## 1. 仪器装置

蠕动泵由于采用了行星轮系和直流电机驱动系统，具有传输平稳、溶媒输送精度高、流速范围宽等特点。其外形如图2-19所示。

## 2. 使用方法

（1）安装泵夹，先把锁杆向上抬起，再把调节杆一侧的锁钩插进泵头右侧的槽内，然后向下压按泵夹,并按下锁杆,注意各个泵夹的方向必须一致。

（2）接通电源,打开蠕动泵的开关,面板上的显示窗亮,显示原设定的泵体输出轴转速。

（3）调节蠕动泵的转动状态,按"－"键时最低可调至 20 r/min,按"＋"键时最高可调至 200 r/min。若按了"高速"键,蠕动泵即以 200 r/min 的转速运转。

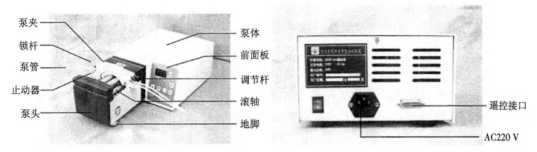

**图 2-19　蠕动泵**

（4）启动泵,开始输送溶媒。

（5）溶媒输送结束后关闭泵的开关,立即放松泵夹。

# 十二、自动取样器

自动取样器是配合智能溶出仪等设备进行自动取样或自动分析检测的配套仪器。

### 1. 仪器装置

自动取样器正面如图 2-20 所示,背面如图 2-21 所示。

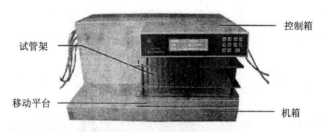

**图 2-20　自动取样器正面示意**

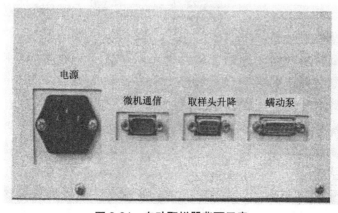

**图 2-21　自动取样器背面示意**

**2. 使用方法**

（1）打开自动取样器的电源开关，显示屏显示"仪器自检"，自检完成后显示主菜单。

（2）按自动取样器面板上的"设置"键，显示屏出现系统参数设定画面，按光标移动键"→"或"←"可选定设置项，按"+"或"−"键可更改光标项下的数字或状态。

（3）设置取样时间或取样时间间隔。

（4）利用取样点量板进行取样点的确定。

（5）放置试管。

（6）在投药的同时按"运行"键，主菜单将显示仪器运行的累积时间，并显示将要进行的是第几次取样以及再次取样的剩余时间。

（7）距离取样时刻还差 30 s 时，蜂鸣器鸣响进行提示。取样时显示屏显示"正在进行第 * 次取样"。

# 十三、真空脱气仪

真空脱气仪是对蒸馏水、去离子水进行脱气的仪器。该设备将加热、循环、真空三法合一对溶液进行脱气，并可以一键实现进液、加热、搅拌、脱气功能。其可代替人工煮沸法，并配有灭菌装置，具有省时、省力、效率高的特点。

**1. 仪器装置**

真空脱气仪正面如图 2-22 所示，背面如图 2-23 所示。

**2. 使用方法**

（1）将进液管与仪器的入液口连接，另一端插在进液口的管座上。

（2）将出液管与仪器的出液口连接，另一端插在出液口的管座上。

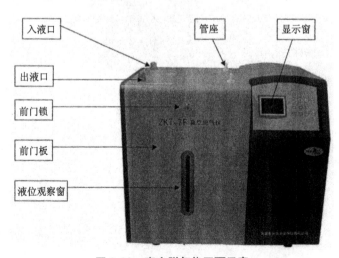

图 2-22　真空脱气仪正面示意

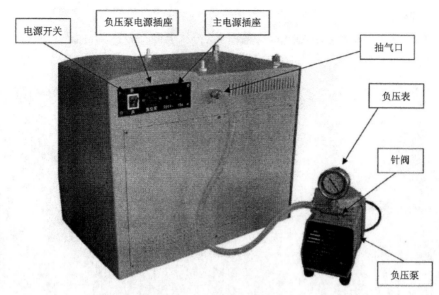

**图 2-23 真空脱气仪背面示意**

（3）打开电源开关,指示灯亮,仪器进入自检程序,检查真空泵和管路的密闭性。

（4）若自检正常,按任意键进入主菜单。

（5）设置参数,通过"确认"键、"+"键、"-"键、"选项"键 4 个键的配合,对预置温度、除气时间、负压值、预除气参数进行设置。

（6）将管座上的进液管插入待脱气的容器中,使管深入容器底部。

（7）运行实验,按"自动"键即开始一个脱气过程。仪器自动将需处理的液体抽入罐中,达到限制水位时自动停止进液,自动循环、加热、脱气。

（8）将管座上的出液管插入盛放脱气后的水的容器当中。

（9）脱气完成,蜂鸣报警提示用户放液。

**3. 注意事项**

（1）使用后一定要把仪器罐内的液体排空,否则罐内容易长菌。若长菌,可用温热的蒸馏水反复清洗罐体,或拆罐人工清洗。

（2）仪器的供电电源必须有保护地线且接地良好。

（3）仪器应半年校准一次,改变压力设定值时也要校准。

## 十四、精密胶囊填充板

精密胶囊填充板由用有机玻璃板加工而成的导向排列盘、帽板、中间板、体板和刮粉板组成,色泽光亮、韧性好、材料厚、可受热消毒,符合药品食品卫生要求;尺寸精确、使用简单、灌装快速方便、装量均匀;仿机械自动排列设计,胶囊排列速度快、自动排列率高;整板自动排列、整板灌装药粉、整板盖帽锁合、工效高、胶囊合格率高,是目前国内最理想的非机械胶囊填充工具。

### 1. 仪器装置

精密胶囊填充板如图 2-24 所示,从左向右、从上向下依次为体板、导向排列盘、中间板和帽板。

**图 2-24 精密胶囊填充板**

### 2. 使用方法

(1)把导向排列盘放置到帽板上,向导向排列盘内倒入适量胶囊帽,来回晃动,使胶囊帽落入胶囊孔内。

(2)胶囊帽排列好后,倒出多余的胶囊帽,取下导向排列盘。

(3)把导向排列盘放置到体板上,向导向排列盘内倒入适量胶囊体,来回晃动,使其落入胶囊孔内。

(4)胶囊体排列好后,倒出多余的胶囊体,取下导向排列盘。

(5)在体板上倒药粉,用刮粉板来回刮动,使药粉装满胶囊,并刮去多余的药粉。

(6)把中间板放到帽板上,孔径大的一面扣在胶囊帽上。

(7)体板在下,帽板在上,中间板在中间,把三板对齐放好,轻轻拍打一下,胶囊即处于待套合状态,用力压下帽板,使胶囊相互套合。

(8)取下帽板,取下中间板,可以看到套合好的胶囊都在中间板上,翻过中间板,胶囊落下。

# 第三部分　化学制药实验

## 实验一　磺胺醋酰钠的合成

磺胺类(sulfonamides)化合物是最早用于治疗全身性细菌感染的有效人工合成化疗药。虽然随着各种抗生素的发现和发展,抗生素在临床应用上逐步取代了磺胺类药物,但磺胺类药物仍有其独特的优点,如抗菌谱较广、性状稳定、使用方便、易于生产、价格低廉,且对流行性脑脊髓膜炎、鼠疫等疗效显著。磺胺是临床上最早使用的磺胺类抗菌药,但其水溶性差,不方便使用。磺胺分子中的磺酰胺基近乎中性,若能将其进一步酰化,则酸性增强,成钠盐以后水解性降低,碱性减弱,能在临床上应用,其乙酰化的产物为磺胺醋酰。磺胺醋酰的钠盐可配制成滴眼剂,用于治疗结膜炎、沙眼及其他眼部感染。

### 一、目的要求

(1)通过磺胺醋酰钠的合成掌握磺胺类药物的结构特点及理化性质。
(2)掌握通过控制 pH 值、温度等反应条件纯化产品的方法。
(3)通过实验操作掌握乙酰化反应的原理及成盐反应。
(4)熟悉趁热抽滤、重结晶的实验操作过程。

### 二、实验原理

磺胺醋酰钠用于治疗结膜炎、沙眼及其他眼部感染。磺胺醋酰钠的化学名为 N-[(4-氨基苯基－磺酰基]-乙酰胺钠一水合物,化学结构式为

$$\begin{array}{c} NH_2 \\ \text{（苯环）} \quad \cdot H_2O \\ SO_2NCOCH_3 \\ Na \end{array}$$

磺胺醋酰钠为白色结晶状粉末,无臭味,微苦,易溶于水,微溶于乙醇、丙酮。其合成路线如下:

## 三、仪器与材料

### 1. 仪器

磁力搅拌器、电热套、100 mL 的三口烧瓶、球形冷凝管、滴液漏斗、抽滤瓶、布氏漏斗、温度计、磁搅拌子、烧杯、量筒、循环水式真空泵、滴管、玛瑙研钵、压片机、红外光谱仪。

### 2. 材料

磺胺、醋酐、氢氧化钠溶液(20%,22.5%,40%,77%)、盐酸溶液(10%,36%)、丙酮、活性炭、溴化钾。

## 四、实验方法与步骤

### 1. 磺胺醋酰(SA)的制备

向装有磁搅拌子、温度计和回流冷凝管的 100 mL 的三口烧瓶中加入磺胺 8.6 g、22.5% 的氢氧化钠溶液 11 mL,开动搅拌器,加热至 50 ℃左右。待磺胺溶解后,分次加入醋酐 6.8 mL、77% 的氢氧化钠溶液 6.25 mL(先滴加醋酐 1.8 mL,5 min 后加入 77% 的氢氧化钠溶液 1.25 mL,并保持反应液 pH 值在 12~13,随后每次间隔 5 min 将剩余的醋酐和 77% 的氢氧化钠溶液分 4 次交替加入)。在加料期间反应温度维持在 50~55 ℃,pH 值保持在 12~13,加料完毕后继续保持此温度反应 30 min。反应完毕后停止搅拌,将反应液倒入 250 mL 的烧杯中,加 20 mL 蒸馏水稀释,于冷水浴中用 36% 的盐酸溶液调节 pH 值至 7,放置 30 min,并不时搅拌析出固体,抽滤除去固体。滤液用 36% 的盐酸溶液调节 pH 值至 4~5,抽滤,得白色粉末。

用 3 倍量(3 mL/g)10% 的盐酸溶液溶解得到的白色粉末,不时搅拌,尽量使单乙酰物成盐酸盐溶解,抽滤除去不溶物。滤液加少量活性炭于室温下脱色 10 min,抽滤。滤液用 40% 的氢氧化钠溶液调至 pH 值为 5,析出磺胺醋酰,抽滤,干燥后得到磺胺醋酰,测熔点(179~184 ℃)。若产品的熔点不合格,可用热蒸馏水(1:15)进行重结晶操作。

### 2. 磺胺醋酰钠的制备

将上一步所得的磺胺醋酰置于 50 mL 的烧杯中,滴加少量水润湿,于热水浴中加热至 90 ℃,滴加 20% 的氢氧化钠溶液至固体恰好溶解,放置冷却,析出结晶,抽滤(用丙酮转移,洗涤),压干,干燥,得到磺胺醋酰钠,计算收率。

## 五、注意事项

(1)滴加醋酐和氢氧化钠溶液是交替进行的,每滴完一种溶液后搅拌反应 5 min,再滴入另一种溶液,滴加速度以液滴一滴一滴加入为宜。在反应过程中交替加料很重要,这样可以使反应液始终保持一定的 pH 值(12~13)。

(2)本实验中使用的氢氧化钠溶液有多种浓度,在实验中切勿用错,否则会导致实验失败。

(3)在实验中,溶液 pH 值的调节是反应成功的关键,应格外小心,否则实验会失败或收率过低。

(4)将磺胺醋酰制成钠盐时,应严格控制 20% 的氢氧化钠溶液的用量。因为磺胺醋酰钠水溶性大,由磺胺醋酰制备其钠盐时若 20% 的氢氧化钠溶液量多,则损失很大,应按计算量滴加。化学反应式及计算式如下:

$$\underset{\underset{12.5}{214}}{\overset{NH_2}{\underset{SO_2NHCOCH_3}{\bigcirc}}} + \underset{\underset{x}{40}}{NaOH} \longrightarrow \underset{SO_2NCOCH_3}{\overset{NH_2}{\underset{|}{\bigcirc}}} + H_2O$$

$$214 : 40 = 12.5 : x \qquad x = 2.3 \text{ g}$$

由计算可知需 2.3 g 氢氧化钠,即滴加 20% 的氢氧化钠溶液 11.5 mL 便可。若 20% 的氢氧化钠溶液的量大于计算量,可加少量丙酮,以使磺胺醋酰钠析出。

(5)严格控制每步反应的 pH 值,以利于除去杂质。每步反应所需的 pH 值见下页的反应式。

(6)必须严格控制温度,温度过高易引起磺胺醋酰钠水解和氧化,影响产品的产量和质量,温度低不易成钠盐。

(7)在 pH=7 时析出的固体不是产物,应弃去。产物在滤液中,切勿搞错。

(8)在 pH=4~5 时析出的固体是产物。

## 六、结构确证

（1）显微熔点仪法。利用显微熔点仪测定磺胺醋酰钠的熔点，根据熔程范围判断产品的纯度。

（2）红外吸收光谱法。将少量精制的磺胺醋酰钠固体加入溴化钾粉末中，碾碎并拌匀，再用压片机压成薄片。将压好的样品薄片放置在红外光谱仪中，测定红外吸收光谱，注意在 400~4 000 cm⁻¹ 的范围内进行波数扫描需要扣除背景。将得到的磺胺醋酰钠的红外吸收光谱图与谱图库中的谱图进行比对,并解析各峰的归属。

（3）标准物 TLC 对照法。

（4）核磁共振光谱法。

## 七、思考题

（1）磺胺类药物的有效基本结构是什么? 磺胺酰化的反应原理是什么?

（2）在磺胺醋酰的制备中,反应液第一次冷却析出的固体是什么?

（3）在磺胺醋酰钠的合成中,为什么醋酐和氢氧化钠溶液交替滴加?

（4）在酰化液的处理过程中, pH 值为 7 时析出的固体是什么? pH 值为 5 时析出的固体是什么? 10% 的盐酸溶液中的不溶物是什么?

（5）在反应过程中,调节 pH 值至 12~13 非常重要。若反应碱性过强,所得磺胺较多,磺胺醋酰次之,双乙酰物较少;反之,碱性过弱,则双乙酰物较多,磺胺醋酰次之,磺胺较少。为什么?

（6）磺胺类药物有哪些理化性质? 本实验是根据产品的哪些性质得到产品并纯化的? 举例说明。

（7）在结晶或重结晶操作中,哪些因素会影响结晶析出?

（8）在反应中,控制 pH 值的目的是什么? 试画出在不同 pH 值下分离产物的流程图。

（9）将磺胺醋酰制成钠盐时,为什么要严格控制 20% 的氢氧化钠溶液的用量?

# 实验二　扑炎痛的合成

扑炎痛(benorylate)又名贝诺酯、苯乐来、解热安,是非甾体类解热镇痛药、环氧酶抑制剂。本品经口服进入体内后,经酯酶作用释放出阿司匹林和扑热息痛而产生药效。本品既有阿司匹林的解热、镇痛、抗炎作用,又保持了扑热息痛的解热作用。由于其分解不在胃肠道,因而避免了阿司匹林对胃肠道的刺激,克服了阿司匹林用于抗炎而引起胃痛、胃出血、胃溃疡等的缺点。在临床上其主要用于治疗风湿及类风湿性关节炎、骨关节炎、神经痛、头痛、感冒引起的中度钝痛等。

## 一、目的要求

(1)通过乙酰水杨酰氯的制备了解氯化试剂的选择及操作中的注意事项。
(2)通过本实验了解拼合原理在化学结构修饰方面的应用,掌握无水操作的技能。
(3)通过本实验了解 Schotten-Baumann 酯化反应在化学结构修饰中的应用。
(4)通过本实验掌握反应中有害气体的吸收方法。

## 二、实验原理

扑炎痛为一种新型解热镇痛抗炎药,是由阿司匹林和扑热息痛经拼合原理制成的。它既保留了原药的解热镇痛功能,又减小了原药的毒副作用,并有协同作用。扑炎痛的化学名为 2- 乙酰氧基苯甲酸 - 乙酰胺基苯酯,化学结构式为

扑炎痛为白色结晶状粉末,无嗅无味,熔点为 174~178 ℃,不溶于水,微溶于乙醇,溶于氯仿、丙酮。其合成路线如下:

## 三、仪器与材料

### 1. 仪器

圆底烧瓶、球形冷凝管、温度计、磁力搅拌器、滴液漏斗、三颈瓶、布氏漏斗、抽滤瓶、铁架台、烧杯、干燥管、排气导管、普通漏斗、滴管、循环水式真空泵。

### 2. 材料

吡啶、阿司匹林、氯化亚砜、丙酮、扑热息痛、氢氧化钠溶液、95% 的乙醇、活性炭、氯化钙。

## 四、实验方法与步骤

### 1. 乙酰水杨酰氯的制备

向装有搅拌子、回流冷凝管（加装氯化钙干燥管，干燥管连有导气管，导气管的另一端通入氢氧化钠溶液中吸收）、温度计的 100 mL 的三口烧瓶中依次加入吡啶 2 滴（催化反应用）、阿司匹林 5 g、氯化亚砜 3 mL，置于电热套内慢慢加热至 70 ℃（8~10 min），维持温度在（70±2）℃反应 40 min，冷却，加入无水丙酮 10 mL，将反应液倒入干燥的 100 mL 滴液漏斗中，混匀，密闭备用。

### 2. 扑炎痛的制备

向装有搅拌子及温度计的 250 mL 的三颈瓶中加入扑热息痛 5 g、水 25 mL，冰水浴冷却至 10 ℃左右，在搅拌下滴加氢氧化钠溶液（1.8 g 氢氧化钠加 10 mL 水配成，用滴管滴加）；滴加完毕后，在 8~12 ℃之间，在强烈搅拌下，慢慢滴加制得的乙酰水杨酰氯的丙酮溶液（在 10 min 左右滴完）；滴加完毕后，调至 pH ≥ 10，控制温度在 8~12 ℃继续搅拌反应 40 min，抽滤，水洗至中性，得粗品，计算收率。

### 3. 扑炎痛的精制

取 2 g 粗品置于装有球形冷凝器的 100 mL 的圆底烧瓶中，加入 10 倍量 95% 的乙醇，在水浴中加热溶解。稍冷却，加活性炭脱色（活性炭用量视粗品的颜色而定），加热回流 30 min，趁热抽滤（布氏漏斗、抽滤瓶应预热）。将滤液趁热转移至烧杯中，自然冷却，待结晶完全析出后，抽滤，压干；用少量乙醇洗涤两次（母液回收），压干，干燥，测熔点，计算收率。

## 五、注意事项

（1）本反应为无水操作，所有仪器必须事先干燥，这是实验成功的关键。在酰氯化反应中，氯化亚砜作用后放出氯化氢和二氧化硫气体，有刺激性，腐蚀性较强，若不进行吸收会污染空气，损害人体健康，故应用碱液吸收。

（2）二氯亚砜是由羧酸制备酰氯最常用的氯化试剂，不仅价格便宜，而且沸点低，生成的副产物均为挥发性气体，故所得的酰氯产品易于纯化。二氯亚砜遇水可分解为二氧化硫和氯化氢，因此所用仪器均需干燥，加热时不能用水浴。反应用阿司匹林需在 60 ℃

下干燥 4 h。吡啶作为催化剂用量不宜过多,否则会影响产品的质量。制得的酰氯不应久置。

(3)扑炎痛的制备采用 Schotten-Baumann 方法酯化,即乙酰水杨酰氯与对乙酰氨基酚钠缩合酯化。由于扑热息痛的酚羟基与苯环共轭,加之苯环上有吸电子的乙酰胺基,因此酚羟基上的电子云密度较小,亲核反应性较弱;成盐后酚羟基氧原子的电子云密度增大,有利于亲核反应。此外,酚钠成酯可避免生成氯化氢,使生成的酯键水解。

## 六、结构确证

(1)显微熔点仪法。利用显微熔点仪测定扑炎痛的熔点,根据熔程范围判断产品的纯度。

(2)红外吸收光谱法。

(3)标准物 TLC 对照法。

(4)核磁共振光谱法。

## 七、思考题

(1)制备乙酰水杨酰氯在操作上应注意哪些事项?

(2)制备扑炎痛为什么先制备对乙酰氨基酚钠,再与乙酰水杨酰氯酯化,而不直接酯化?

(3)通过本实验说明酯化反应在化学结构修饰中的意义。

(4)在扑炎痛的合成中,调节 pH=9~10 的原因是什么?

(5)无水操作反应中产生的有害气体的常用吸收方法有哪些?

# 实验三 对乙酰氨基酚的合成

## 一、目的要求

（1）掌握氨基的酰化反应，并了解氨基的选择性酰化而保留酚羟基的方法。

（2）学习易被氧化药物的重结晶精制方法。

（3）掌握分馏柱的作用及操作方法。

## 二、实验原理

对乙酰氨基酚又名扑热息痛，化学名为 N-（4-羟基苯基）-乙酰胺，为白色结晶或结晶状粉末，易溶于乙醇，可溶于丙酮，略溶于水。其化学结构式为

$$HO-\underset{H}{\overset{O}{\underset{N}{\bigcirc}}}CH_3$$

常用的解热镇痛药在临床上用于发热、头疼、神经疼、痛经等的治疗，多以对氨基酚为原料经醋酐酰化或醋酸酰化反应制得。其中以醋酐为原料的反应，原料价格较贵，生产成本较高，但反应条件较温和，反应速度快；而以醋酸为原料的反应，试剂易得，价格便宜，但由于反应活性低，需要较长的反应时间，难以控制氧化副反应，产品质量较差。扑热息痛的合成路线如下。

A法（以醋酐为酰化剂）：

$$HO-\bigcirc-NH_2 \xrightarrow{(CH_3CO)_2O} HO-\bigcirc-NHCOCH_3$$

B法（以醋酸为酰化剂）：

$$HO-\bigcirc-NH_2 + CH_3COOH \rightleftharpoons HO-\bigcirc-NHCOCH_3 + H_2O$$

## 三、仪器与材料

### 1. 仪器

100 mL 的圆底烧瓶、磁力搅拌器、抽滤瓶、布氏漏斗、循环水式真空泵、显微熔点测定仪等。

### 2. 材料

对氨基酚、醋酐、醋酸、亚硫酸氢钠、活性炭。

## 四、实验方法与步骤

### 1.A 法:以醋酐为酰化剂

向 100 mL 的圆底烧瓶中加入 30 mL 水,准确称量 10.6 g 对氨基酚加入其中,再加入 12 mL 醋酐,在磁力搅拌器上控制温度为 60~70 ℃,搅拌 15~20 min,冷却,过滤,用蒸馏水洗涤沉淀。将沉淀溶解于 30 mL 热水中,若溶液有色,加入 0.2% 的活性炭,煮沸 10 min 后趁热抽滤,滤液中加 2~3 滴亚硫酸氢钠饱和溶液,放置冷却,析出结晶,抽滤,干燥后称重,计算产率。将产品研细后测定熔点。

### 2.B 法:以醋酸为酰化剂

向 100 mL 的圆底烧瓶中加入 10.9 g 对氨基酚、14 mL 醋酸,装一根短的刺形分馏柱,其上端装一支温度计,支管通过尾接管与接收器相连,接收器外部用冷水浴冷却。将圆底烧瓶低压加热并搅拌,使反应物保持微沸状态回流 15 min,然后逐渐升高温度,当温度计读数达到 90 ℃左右时,支管即有液体流出。维持温度在 90~100 ℃反应约 0.5 h,生成的水及大部分醋酸被蒸出,温度计读数下降,表示反应已经完成。在搅拌下趁热将反应物倒入 40 mL 冰水中,有白色固体析出,冷却后抽滤。向 100 mL 的锥形瓶中加入粗品,每克粗品用 5 mL 纯水加热溶解,稍冷后加入粗品质量 1%~2% 的活性炭和 0.5 g 亚硫酸氢钠,脱色 10 min,趁热过滤,冷却,析出结晶,抽滤,干燥后称重,计算产率。将产品研细后测定熔点(168~172 ℃)。

## 五、注意事项

(1)亚硫酸氢钠作为抗氧剂浓度不宜过高,其作用是防止产物被氧化。

(2)反应物冷却后会析出固体产物,黏在瓶壁上不易处理,故须趁热在搅拌下倒入冷水,以除去过量的醋酸及未反应的苯胺。

(3)可以将实验人员分成两组,分别采用 A、B 两种方法进行合成,比较两组实验的条件和结果,从而体会酰化剂的活性及其在反应中的性质。

## 六、结构确证

(1)显微熔点仪法。利用显微熔点仪测定对乙酰氨基酚的熔点,根据熔程范围判断产品的纯度。

(2)红外吸收光谱法。

(3)标准物 TLC 对照法。

(4)核磁共振光谱法。

## 七、思考题

(1)产品脱色后为什么要趁热过滤?

（2）比较两种制备方法的不同及其对产物质量的影响。

（3）在操作过程中如何避免易氧化基团氧化？

（4）对乙酰氨基酚中的特殊杂质是如何产生的？

# 实验四　吲哚美辛的制备

## 一、目的要求

（1）学习并掌握亚硝化反应的原理及操作方法。

（2）掌握从重结晶溶液中得到所需晶型化合物的方法。

（3）学会用核磁和红外等波谱对目标物进行结构确认。

## 二、实验原理

吲哚美辛（indometacin）是于1963年合成的较优良的消炎镇痛药，也称消炎痛，主要用于解热、缓解炎性疼痛，是非甾体抗炎药，可用于急慢性风湿性关节炎、痛风性关节炎及癌性疼痛，也可用于滑囊炎、腱鞘炎及关节囊炎等，还可用于缓解胆绞痛、输尿管结石引起的绞痛，对偏头痛也有一定的疗效，也可用于月经痛。它能抗血小板聚集，故可防止血栓形成，但疗效不如乙酰水杨酸。

吲哚美辛的化学名为 1- 对氯苯甲酰 -2- 甲基 -5- 甲氧基吲哚 -3- 醋酸，化学结构式为

按干燥品计算，吲哚美辛中 $C_{19}H_{16}ClNO_4$ 的含量不得低于 99.0%。其为类白色至微黄色结晶状粉末，几乎无嗅无味；在丙酮中溶解，在甲醇、乙醇、三氯甲烷和乙醚中略溶，在苯中微溶，在甲苯中极微溶，在水中几乎不溶；熔点为 158~162 ℃。

吲哚美辛的合成以对甲氧基苯胺为起始原料，经亚硝化反应生成重氮盐，再与亚硫酸钠成盐，随后用锌粉还原，生成对甲氧基苯肼磺酸钠，然后与对氯苯甲酰氯缩合，生成 N- 对氯苯甲酰 - 对甲氧基苯肼，最后与乙酰丙酸环合成吲哚美辛。合成路线如下：

$$H_3CO-\bigcirc-NH_2 \xrightarrow[\text{NaNO}_2]{\text{HCl}} H_3CO-\bigcirc-N_2Cl \xrightarrow{\text{Na}_2\text{SO}_3} H_3CO-\bigcirc-N=NSO_3Na$$

$$\xrightarrow[\text{AcOH}]{\text{Zn}} H_3CO-\bigcirc-NHNHSO_3Na \xrightarrow{} H_3CO-\bigcirc-NNHSO_3Na$$

$$\xrightarrow{30\%\text{的NaOH}} H_3CO-\bigcirc-N-NH_2 \xrightarrow[\text{H}_2\text{SO}_4/\text{ZnCl}_2]{\text{CH}_3\text{CCH}_2\text{CH}_2\text{COOH}}$$

## 三、仪器与材料

### 1. 仪器

磁力搅拌器、电子天平、回流装置、温度计、滴液漏斗、干燥箱、冰箱、熔点仪、红外光谱仪、核磁共振光谱仪、烧杯、量筒、三颈瓶、玻璃棒、抽滤瓶、布氏漏斗、循环水式真空泵、玛瑙研钵、压片机。

### 2. 材料

对甲氧基苯胺、盐酸、亚硝酸钠、亚硫酸钠、锌粉、醋酸、氢氧化钠、乙醇、对氯苯甲酰氯、硫酸、3-乙酰丙酸、氯化锌、溴化钾、重铬酸钾、酚酞指示剂、淀粉-KI指示剂。

## 四、实验方法与步骤

### 1. 对甲氧基苯肼磺酸钠的制备

将10 g对甲氧基苯胺、20 mL盐酸和43 mL水加入装有搅拌器、温度计和滴液漏斗的250 mL的三颈烧瓶中,在搅拌下稍加热以使物料溶解,然后用冰水浴冷却至5 ℃以下。在0~5 ℃时向反应瓶中滴加亚硝酸钠水溶液(5.7 g亚硝酸钠溶于13 mL蒸馏水中配成),约过20 min,用淀粉-KI指示剂测定反应是否到达终点,到达反应终点后继续搅拌15 min,然后在8 ℃以下缓缓滴加液碱调节pH值至6左右。在10 ℃左右迅速加入亚硫酸钠13.5 g,在20~25 ℃下搅拌0.5 h,升温至55 ℃,缓缓加入醋酸15 mL,再将7.5 g锌粉少量多次加入。锌粉加完后,在80~85 ℃下搅拌反应0.5 h,加入15 mL水后趁热过滤,滤液置于冰水浴中冷却0.5 h,使结晶析出完全,过滤,用少量冰水洗,抽滤,得到对甲氧基苯肼磺酸钠湿品。

### 2.N- 对氯苯甲酰－对甲氧基苯肼的制备

向装有搅拌器、温度计的 250 mL 的三颈烧瓶中加入对甲氧基苯肼磺酸钠（抽干的湿品）、70 mL 水，搅拌加热至 40~50 ℃，待其完全溶解后加入 45 mL 乙醇，冷却至 20 ℃。再加入 10 mL 对氯苯甲酰氯，在 30 ℃下搅拌反应 0.5 h。然后在 1 h 内缓缓升温至 70~80 ℃，搅拌反应 1 h，冷却至 60 ℃以下滴加液碱，调节 pH 值至 10~11。在 60~65 ℃下搅拌反应 15 min，将物料冷却到 20 ℃，过滤，水洗至中性，抽滤，干燥得氯肼，测熔点，称重，并计算收率。

### 3. 吲哚美辛的制备

向装有搅拌器和温度计的 250 mL 的三颈烧瓶中依次加入 11 mL 水、2.3 mL 硫酸和 10.5 mL 3- 乙酰丙酸，搅拌混合后加入 6.8 g 氯化锌，加热至 45 ℃。加入氯肼 15 g，继续升温（内容物逐渐溶解），在 80~85 ℃下搅拌 3 h，反应结束后加入 23 mL 水，搅拌冷却至 20 ℃，过滤，用水洗到中性，再用 75% 的乙醇洗至沉淀呈微黄色的白色粉末，得到吲哚美辛粗品。粗品用 50 mL 95% 的乙醇加热溶解，再加入活性炭脱色过滤，滤液析出结晶，冷却到 10 ℃以下过滤。固体产品用 50 mL 95% 的乙醇重结晶，将重结晶液冷却到 10 ℃以下再过滤，得到白色颗粒状结晶。结晶用少量 75% 的乙醇洗，抽干，干燥得到吲哚美辛精品，称重，计算收率，测熔点。

## 五、鉴别和含量测定

### 1. 鉴别

取约 10 mg 本品，加 10 mL 水与 2 滴 20% 的氢氧化钠溶液，溶解，取溶液 1 mL，加 0.03% 的重铬酸钾溶液 0.3 mL，加热至沸，放置冷却，加硫酸 2~3 滴，置于水浴中缓慢加热，应显紫色；另取溶液 1 mL，加 0.1% 的亚硝酸钠溶液 0.3 mL，加热至沸，放置冷却，加盐酸 0.5 mL，应显绿色，放置后渐变为黄色。

### 2. 含量测定

取 0.5 g 本品，加乙醇 30 mL，微热使其溶解，放置冷却，加水 20 mL，加酚酞指示剂约 8 滴，迅速用氢氧化钠溶液（0.1 mol/L）滴定，并将滴定结果用空白实验校正，即得（1 mL 氢氧化钠溶液相当于 35.78 mg $C_9H_{16}ClNO_4$）。

## 六、结构确证

（1）利用显微熔点仪测定吲哚美辛的熔点，根据熔程范围判断产品的纯度。

（2）利用红外光谱仪测定。将少量精制的吲哚美辛固体加入溴化钾粉末中，碾碎并拌匀，再用压片机压成薄片。将压好的样品薄片放置在红外光谱仪中，测定红外吸收光谱，注意在 400~4 000 $cm^{-1}$ 的范围内进行波数扫描需要扣除背景，最后得到吲哚美辛的红外吸收光谱图，与谱图库中的谱图进行比对，并解析各峰的归属。

（3）利用核磁共振光谱仪测定吲哚美辛的氢谱和碳谱，并解析。

## 七、注意事项

（1）制备对甲氧基苯肼磺酸钠时应注意以下几点。

①加亚硝酸钠溶液不宜过快，以免亚硝酸钠损失。

②锌粉不可一次性加入，否则易出现料液溢出的现象，造成重氮盐还原不完全。

③所得到的对甲氧基苯肼磺酸钠产品因有杂质存在，不稳定，应浸泡在水中。

（2）在 N- 对氯苯甲酰 - 对甲氧基苯肼的制备过程中，加入对氯苯甲酰氯后，初始反应温度要控制在不超过 30 ℃，以免对氯苯甲酰氯分解。

（3）吲哚美辛有两种晶型，一种是絮状，熔点低，溶解度大；另一种是颗粒状，熔点高，溶解度小。在重结晶过程中，如得到絮状结晶，应再溶解重新结晶；如得到两种结晶的混合物，可控制加热温度和时间，使絮状结晶溶解，留下颗粒状结晶做晶种。

（4）使用红外光谱仪测定产品时，溴化钾不能受潮，不能用手直接接触盐片表面。

## 八、思考题

（1）亚硝化反应的温度一般应控制在什么范围？

（2）滴加亚硝酸钠时，加料管插入反应液中有什么好处？

（3）在氯肼的制备中，加碱调节 pH 值至 10~11，在 60~65 ℃下反应 15 min 的目的是什么？

（4）如何用淀粉 -KI 试纸检测并确定重氮化反应是否到达终点？重氮化反应液中过量的亚硝酸钠如何去除？

（5）重结晶时向达到饱和状态的溶液中加入晶种对结晶过程有什么影响？

# 实验五　柱色谱法分离邻硝基苯胺和对硝基苯胺

## 一、目的要求

（1）巩固薄层层析法，并掌握柱层析分离的操作技能。

（2）掌握柱色谱分离的操作步骤。

## 二、实验原理

在柱色谱中，化合物在液相和固相之间分配，属于固液吸附层析。其通过层析柱实现分离，主要用于大量化合物的分离。层析柱内装有固体吸附剂，即固定相，如氧化铝或硅胶等。液体样品从柱顶加入，流经吸附柱时，在柱的顶部被吸附剂吸附，然后从柱的顶部加入有机溶剂展开剂对其进行洗脱。由于吸附剂对各组分的吸附能力不同，各组分以不同的速度沿色谱柱下移，吸附能力弱的组分在流动相里的含量较高，以较快的速度下移；吸附能力强的组分后流出。各组分随溶剂按一定的顺序从层析柱下端流出，可分段收集流出液，再用薄层色谱鉴定各组分。若各组分是有色物质，则在柱上可以直接看到色带；若是无色物质，可用紫外光照射，有些物质呈现荧光。柱层析的分离条件可以套用该样品的薄层层析的条件，分离效果相同。

### 1. 柱色谱的特点

（1）设备简单，操作容易，流动相由低压（0.05~0.8 MPa）压缩空气或氮气驱动。

（2）可与薄层色谱配合使用，可通过薄层色谱寻找合适的展开剂作为柱色谱的洗脱剂。

（3）用硅胶或者键合硅胶装短柱，一般高 7~15 cm，具有中等分离度。在薄层色谱中 $R_f \geqslant 0.15$ 的组分，在柱色谱中都可以很好地分开。

（4）色谱柱的材料多为玻璃或者石英，易于观察洗脱状态。

### 2. 柱色谱的操作过程

1）选择吸附剂

常用的吸附剂有氧化铝、硅胶、氧化镁、碳酸钙和活性炭等。吸附剂的首要条件是与被吸附物及展开剂均无化学作用。其吸附能力与颗粒大小有关，颗粒太大，流速快、分离效果不好；颗粒太小，流速慢。

2）选择洗脱剂

吸附剂的吸附能力与吸附剂和溶剂的性质有关，选择溶剂时应考虑被分离的各组分的极性和溶解度，非极性化合物用非极性溶剂。将待分离物质溶于非极性溶剂中，从柱顶注入柱中，然后用稍有极性的溶剂使谱带显色，再用极性更大的溶剂洗脱被吸附的物质。为了提高溶剂的洗脱能力，也可用混合溶剂。

溶剂的洗脱能力按递增次序排列如下：己烷（石油醚）、四氯化碳、甲苯、苯、二氯甲烷、氯仿、乙醚、乙酸乙酯、丙酮、丙醇、乙醇、甲醇、水。

3）装柱

色谱柱的大小视处理量而定,柱的长度和直径之比一般为 10∶1~20∶1,固定相用量与待分离物质用量之比为 20∶1~50∶1。装柱的方法分为湿法和干法两种。湿法是先将溶剂装入柱内,再将吸附剂和溶剂调成浆状,慢慢倒入柱中,将柱下端的活塞打开,使溶剂流出,吸附剂渐渐下沉,加完吸附剂后,继续让溶剂流出,至吸附剂沉淀不变为止。干法是在柱的上端放一个漏斗,将吸附剂均匀装入柱内,轻敲柱,使之填充均匀,然后加入溶剂,至吸附剂全部润湿,吸附剂的高度为柱长的 3/4。吸附剂顶部盖一层约 0.5 cm 厚的沙子或滤纸,然后敲打柱,使吸附剂顶端和沙子或滤纸保持水平。无论采用哪一种装柱方式,在装柱的过程都要严格排出空气,并且吸附剂不能有裂缝。上样前必须使吸附剂在洗脱剂流动的过程中沉降至高度不变为止,此操作为压柱。

4）上样及淋洗分离

将要分离的混合物用适当的溶剂溶解后,用滴管沿柱壁缓缓加至吸附剂表面。当被分离物的溶液面降至吸附剂表面时,立即加入洗脱剂进行淋洗,此时可以配合薄层层析确定各组分的分离情况。

## 三、仪器与材料

### 1. 仪器

滴液漏斗、玻璃色谱柱、抽滤瓶、烧杯、薄层板。

### 2. 材料

石油醚、乙酸乙酯、层析硅胶（80~100 目）、邻硝基苯胺、对硝基苯胺。

## 四、实验方法与步骤

### 1. 装柱

取一根长 20 cm、直径为 1 cm 的色谱柱,竖直安置,以 50 mL 的锥形烧瓶做洗脱液的接收器。

用镊子取少量脱脂棉放于干净的色谱柱底部,轻轻塞紧,再在脱脂棉上盖一层厚 0.5 cm 的海石沙（或用一张比内径略小的滤纸代替）,关闭活塞,向柱内加石油醚 - 乙酸乙酯（6∶1）至柱高的约 3/4 处,打开活塞,控制液体流出速度为 1 滴/s。通过一个干燥的玻璃漏斗慢慢加入层析硅胶,或先将层析硅胶用石油醚 - 乙酸乙酯（6∶1）混合溶液调成糊状,再徐徐倒入柱中,边加边轻敲色谱柱,使吸附剂装填致密、均匀,且硅胶顶端水平,最后加入剩余的洗脱剂并压柱。

### 2. 加样

取 0.1 g 邻硝基苯胺与 0.1 g 对硝基苯胺,用 2 mL 乙酸乙酯溶解。

### 3. 洗脱分离

当洗脱剂石油醚 - 乙酸乙酯（6∶1）混合溶液的液面刚好降至硅胶上端表面时,迅速用滴管滴加上述配好的样品溶液。当样品溶液的液面降至吸附剂表面时,用滴管加入石油醚－乙酸乙酯(6∶1)混合溶液淋洗,随后可观察到色带的形成和分离。

### 4.收集产品

色谱柱中先流出的为邻硝基苯胺,后流出的为对硝基苯胺,对其进行收集,记录实验条件和过程,检测产品的纯度及含量。

## 五、注意事项

(1)粗品溶液的浓度应尽可能高,所以要控制溶剂的量。

(2)整个过程洗脱剂都应覆盖吸附剂,即石油醚－乙酸乙酯(6∶1)混合溶液不能下降至硅胶顶端及以下,否则可能带入大量气泡引起柱裂,影响分离效果。

## 六、思考题

(1)如何去除对硝基苯胺粗产物中的邻硝基苯胺?

(2)柱色谱分离纯化的基本原理是什么?

(3)影响柱色谱分离效果的主要因素有哪些?

# 实验六  阿司匹林的合成、检查及含量测定

## 一、目的要求

（1）掌握阿司匹林的性质和特点。

（2）熟悉和掌握酯化反应的基本原理和操作过程。

（3）熟悉和掌握重结晶的基本原理和操作过程。

（4）了解阿司匹林中杂质的来源和鉴别方法。

（5）掌握杂质限量的要求以及杂质检查的意义。

## 二、实验原理

阿司匹林是一种解热镇痛药,用于治疗头疼、牙疼、神经疼、关节疼、肌肉疼以及伤风、发烧、感冒等疾病。近年来发现,阿司匹林具有抑制血小板凝聚的作用,可预防血栓形成,其治疗范围进一步扩大到心血管系统疾病治疗领域。

阿司匹林是白色针状或板状结晶,熔点为 135~140 ℃,易溶于乙醇,可溶于氯仿、乙醚,微溶于水,在氢氧化钠溶液或碳酸钠溶液中溶解,但同时分解。阿司匹林的化学名是 2- 乙酰氧基 – 苯甲酸,又称乙酰水杨酸,是一种具有双官能团的化合物,其官能团一个是酚羟基,一个是羧基,酚羟基和羧基都可以酯化,还可以形成分子内氢键,阻碍酰化和酯化反应的发生。其化学结构式为

阿司匹林由水杨酸和醋酸酐进行酯化反应而得,反应式如下。

主反应:

副反应:

另外,在反应过程中阿司匹林会缩合,形成一种聚合物。阿司匹林和碱反应生成水溶性钠盐,而其副产物聚合物不能溶于碱溶液,因此通过过滤即可进行产品分离。分离后的阿司匹林钠盐水溶液通过盐酸酸化即可纯化,反应式如下:

阿司匹林的副反应能够引起幽门痉挛以及胃肠道反应,因为阿司匹林的酸性会刺激胃黏膜,长期服用可能导致胃肠道出血。粗品阿司匹林中会含有水杨酸及水杨酸衍生物,其来源可能是酰化反应不完全的原料,也可能是阿司匹林的水解产物,这些杂质具有免疫活性,可能导致服用阿司匹林的过敏反应,因此要进行限量检查,一般采用与三氯化铁反应产生紫色的方法进行检查,反应式如下:

## 三、仪器与材料

### 1. 仪器

磁力搅拌器、磁搅拌子、温度计、电子天平、球形冷凝器、循环水式真空泵、布氏漏斗、抽滤瓶、三颈瓶、熔点仪、圆底烧瓶、表面皿、试管、烧杯、加热套、量筒、锥形瓶、高效液相色谱仪、色谱柱、量筒、移液管、容量瓶、超声波发生器、微孔过滤器。

### 2. 材料

水杨酸、醋酸酐、浓硫酸、乙醇、浓盐酸、碳酸钠溶液、饱和碳酸氢钠溶液、1% 的三氯化铁溶液、乙腈、四氢呋喃、醋酸、甲醇、蒸馏水、水杨酸对照品。

## 四、实验方法与步骤

### 1. 阿司匹林的制备

向装有磁搅拌子及球形冷凝器的 100 mL 的三口烧瓶中依次加入水杨酸 2.0 g、醋酸酐 5.0 mL,再用滴管缓慢加入 5 滴浓硫酸,振摇使固体全部溶解。然后置于磁力搅拌器上加热,控制水浴温度在 80~85 ℃,反应 20 min。停止加热,趁热从球形冷凝器上口加入 5 mL 蒸馏水,以分解过量的醋酸酐。冷却,将反应液倒入 100 mL 冷水中,并用冰水浴冷却,放置 20 min。待结晶析出完全后,减压过滤。收集滤纸上的产物,用少量蒸馏水洗涤,压干,得粗品。

### 2.阿司匹林的精制

将所得的阿司匹林粗品转移到 100 mL 的烧杯中,在搅拌下缓慢地逐滴加入 50 mL 10% 的碳酸氢钠溶液,直至无 $CO_2$ 气泡产生("嘶嘶"声停止)。然后抽滤除去少量高聚物,将所得滤液倒至 100 mL 的烧杯中,在不断搅拌下慢慢加入 20 mL 18% 的盐酸。将混合物在冰水浴中冷却,使晶体析出完全,抽滤,用少量蒸馏水洗涤 2~3 次,干燥,称重并计算产率,测定熔点。

## 五、结构确证

(1)显微熔点仪法。利用显微熔点仪测定阿司匹林的熔点,根据熔程范围判断产品的纯度。

(2)红外吸收光谱法。

(3)标准物 TLC 对照法。

(4)核磁共振光谱法。

## 六、鉴别、检查和含量测定

### 1.鉴别

(1)取本品 0.1 g,加水 10 mL,煮沸,放置冷却,加三氯化铁溶液 1 滴,观察溶液颜色的变化。

(2)取本品约 0.5 g,加碳酸氢钠溶液 10 mL,振摇后放置 5 min,煮沸 2 min,放置冷却,加过量稀硫酸,即析出白色沉淀。

(3)对本品进行红外光谱分析,谱图应与对照谱图一致。

### 2.游离水杨酸限量检查

1)准备色谱柱

(1)打开电源,依次打开泵系统、检测器和电脑,装色谱柱,排气泡,用流动相冲洗色谱柱至系统平衡。

(2)以十八烷基硅烷键合硅胶为填充剂,以乙腈、四氢呋喃、醋酸、蒸馏水(20∶5∶5∶70)混合溶液为流动相,检测波长为 303 nm。理论板数按水杨酸峰计算不低于 5 000,阿司匹林主峰与水杨酸主峰的分离度应符合《中华人民共和国药典》(2015 版)中游离水杨酸高效液相色谱法的测定要求。

2)制备溶液

(1)供试品溶液。称取本品约 100 mg,放入 10 mL 的容量瓶中,加适量 1% 的醋酸甲醇溶液,振摇使固体溶解,稀释至刻度,摇匀,即得供试品溶液(临用前新配)。

(2)对照品溶液。称取水杨酸对照品约 10 mg,放入 100 mL 的容量瓶中,加适量 1% 的醋酸甲醇溶液,振摇使固体溶解,稀释至刻度,摇匀。量取 5 mL 上述溶液,置于 50 mL 的容量瓶中,用 1% 的醋酸甲醇溶液稀释至刻度,摇匀即得对照品溶液。

3）测定及计算

量取供试品溶液、对照品溶液各 10 μL，分别注入高效液相色谱仪，记录色谱图，计算出水杨酸的含量。若供试品溶液的色谱图中有与水杨酸峰保留时间一致的色谱峰，按外标法以峰面积计算供试品中水杨酸的含量，含量不得超过 0.1%。计算公式如下：

$$c_i = c_s A_i / A_s$$

式中：$c_i$ 为供试品溶液中水杨酸的浓度，mg/mL；$c_s$ 为对照品溶液中水杨酸的浓度，mg/mL；$A_i$ 为供试品溶液的色谱图中水杨酸峰的积分面积；$A_s$ 为对照品溶液的色谱图中水杨酸峰的积分面积。

### 3. 其他检查

1）溶液的澄清度

取本品 0.5 g 放入纳氏比色管中，加入约 45 ℃的 10% 的碳酸钠溶液 10 mL，溶解后溶液应澄清。

2）易碳化物

取内径一致的 10 mL 比色管 2 支，甲管中加对照液（取比色用氯化钴液 0.25 mL、比色用重铬酸钾液 0.25 mL、比色用硫酸铜液 0.40 mL，加水混合成 5 mL）5 mL，乙管中加硫酸溶液（含 $H_2SO_4$ 94.5%~95.5%）5 mL，分次缓缓加入本品 0.5 g，振摇使其溶解。静置 15 min 后，将甲、乙两管同置于白色背景前，平视观察，乙管中所显颜色不得较甲管深。

3）重金属

取 25 mL 纳氏比色管 2 支，甲管中加标准铅溶液（10 μg $Pb^{2+}$/mL）1 mL、醋酸盐缓冲溶液（pH 值为 3.5）2 mL，加水至 25 mL；乙管取本品 1.0 g，加 23 mL 乙醇溶解后，加醋酸盐缓冲液（pH 值为 3.5）2 mL。再向甲、乙两管中加硫代乙酰胺试液各 2 mL，摇匀，放置 2 min。将甲、乙两管同置于白纸上，自上向下透视，供试品溶液显出的颜色与标准管相比不得更深（即重金属含量不得过百万分之十）。

4）炽灼残渣

取本品 1 g，依法检查，遗留残渣不得超过 0.1%。

### 4. 含量测定

本品的含量用酸碱滴定法测定，利用乙酰水杨酸游离羧基的酸性，以标准碱液直接滴定，反应式如下：

取本品 1.0 g，加 20 mL 中性乙醇（对酚酞指示液显中性）溶解后，加 3 滴酚酞指示液，用氢氧化钠滴定液（0.1 mol/L）滴定。1 mL 氢氧化钠滴定液对应 18.02 mg $C_9H_8O_4$。

## 七、注意事项

（1）水杨酸、醋酸酐和浓硫酸必须依次加入。

（2）本实验要控制温度在 80~85 ℃（水浴温度 < 85 ℃），否则将促进副产物的生成，如水杨酰水杨酸酯、乙酰水杨酰水杨酸酯、乙酰水杨酸酐等。

（3）乙酰水杨酸受热后易分解，分解温度为 126~135 ℃，因此重结晶时不宜长时间加热，应控制水温，产品采取自然晾干法。

（4）为了检验产品中是否有水杨酸，利用水杨酸属酚类物质可与三氯化铁发生显色反应的特点，将几粒结晶产品加入盛有 3 mL 水的试管中，再加入 1~2 滴 1% 的 $FeCl_3$ 溶液，观察有无颜色（紫色）。

（5）醋酸酐具有催泪性和腐蚀性，取用时必须戴乳胶手套在通风橱进行，若皮肤不慎沾上应用大量清水冲洗。

（6）阿司匹林含酯类结构，为防止酯在滴定时水解而使结果偏高，故在中性乙醇中滴定。

（7）滴定应在不断振摇下尽快进行，以防止局部碱度过大而促进乙酰水杨酸水解。

（8）流动相应选用色谱纯试剂、高纯水或双蒸水。

（9）色谱柱使用完毕后，应先用甲醇冲洗，再取下并紧密封闭两端保存。

## 八、思考题

（1）在合成实验过程中，向反应液中加入少量浓硫酸的目的是什么？是否可以不加？为什么？硫酸是否可以用其他酸代替？

（2）本实验是否可以使用醋酸代替醋酸酐？

（3）本实验可能发生哪些副反应？副产物是什么？

（4）在阿司匹林的鉴别中，为什么要检测水杨酸的含量？本实验采用什么方法测定水杨酸？原理是什么？

（5）在阿司匹林的精制过程中，选择溶媒的依据是什么？

（6）阿司匹林中特殊杂质的检查有哪些？

# 第四部分　中药制药实验

## 实验一　槐花米中芸香苷的提取和鉴定

槐花米为豆科植物槐花的花蕾,味苦性凉,具有清热、凉血、止血之功效。槐花的主要化学成分为芦丁(rutin),又名芸香苷,含量可达 12%~16%,还含有槲皮素(quercetin)、三萜皂苷、槐花甲素、槐花乙素、槐花丙素及槐二醇等。芸香苷具有维生素 P 样作用,可降低毛细血管前壁的脆性和调节渗透性,有助于保持及恢复毛细血管的正常弹性,在临床上用来治疗毛细血管脆性引起的出血症,并常用作防治高血压的辅助治疗剂,现在国外也常用芸香苷作食品及饮料的染色剂。

芸香苷是槲皮素 3 位上的羟基与芸香糖(由葡萄糖与鼠李糖组成的双糖)脱水合成的苷,分子式为 $C_{27}H_{30}O_{16}$,相对分子量为 610.51,为浅黄色粉末或极细的针状结晶,含有三分子结晶水,熔点为 174~178 ℃,无水芸香苷熔点为 188~190 ℃。其难溶于冷水(溶解度为 1:10 000),略溶于热水(溶解度为 1:200),可溶于冷乙醇(溶解度为 1:650)、热乙醇(溶解度为 1:60)、冷吡啶(溶解度为 1:12),微溶于丙酮、乙酸乙酯,不溶于苯、乙醚、氯仿、石油醚等,溶于碱时呈黄色。其完全水解可制得槲皮素、葡萄糖及鼠李糖。

槲皮素又称槲皮黄素,为芸香苷的苷元,分子式为 $C_{15}H_{10}O_7$,相对分子量为 302.23,为黄色针状结晶,熔点为 313~314 ℃(含两分子结晶水)。其溶于热乙醇(溶解度为 1:23)、冷乙醇(溶解度为 1:300),可溶于甲醇、丙酮、乙酸乙酯、醋酸、吡啶等,不溶于石油醚、苯、乙醚、氯仿,几乎不溶于水。芸香苷水解的反应式如下:

芦丁　　　　　　　　　槲皮素

## 一、目的要求

(1)以槐花米为例,掌握黄酮类成分的提取、精制方法。

(2)掌握苷类的水解,苷元和糖的鉴定方法。

（3）熟悉芸香苷、槲皮素的结构性质、检识方法和层析鉴定方法。

（4）掌握 HPLC 测定含量的方法。

## 二、实验原理

从槐花米中提取芸香苷的方法主要有醇提法、碱提酸沉淀法、热提冷沉法、超声提取法。

醇提法利用芸香苷溶于热乙醇以及芸香苷在冷、热水中的溶解度差异进行提取和精制。

碱提酸沉淀法根据芸香苷分子中具有酚羟基，显弱酸性，能与碱成盐而增大溶解度，以碱水为溶剂煮沸提取，提取液加酸酸化后则芸香苷游离析出。

热提冷沉法利用芸香苷在冷、热水中的溶解度差异进行提取。

在超声提取法中，药材在溶剂中受到超声作用而产生空化效应，使溶剂在超声的瞬时产生空化泡的崩溃，空化泡爆破形成巨大的射流冲向药材表面，使溶剂很快渗透到其细胞中，借空化泡的爆破冲击力打破细胞壁，使细胞内的化学成分在超声作用下直接和溶剂接触，加速了溶剂和药材中的有效成分相互渗透、溶解，使有效成分快速在溶剂中溶解。

## 三、仪器与材料

### 1. 仪器

旋转蒸发仪、250 mL 的圆底烧瓶、烧杯、天平、电热套、铁架台、布氏漏斗、抽滤瓶、试管、点样毛细管、玻璃板、层析缸、高效液相色谱仪、显微熔点测定仪、紫外灯、冷凝管、温度计。

### 2. 材料

槐花米、75% 的乙醇、2% 的硫酸溶液、羧甲基纤维素钠、浓盐酸、镁粉、α- 萘酚、正丁醇、醋酸、乙酸乙酯、甲酸、乙醇、甲醇、石灰粉、硅胶 $GF_{254}$、石油醚、丙酮、95% 的乙醇。

## 四、实验方法与步骤

### 1. 芸香苷的提取与精制

1）提取

（1）乙醇提取法。

称取槐花米 10 g，稍研碎，置于 250 mL 的圆底烧瓶中，加 75% 的乙醇 100 mL，加热回流 1 h，趁热过滤，滤渣再加 75% 的乙醇 100 mL，加热回流 1 h，过滤，合并两次的提取液，减压浓缩至原体积的 1/4，放置 24 h，抽滤，沉淀用少量石油醚、丙酮、95% 的乙醇依次洗涤，放置在空气中自然干燥即得芸香苷粗品，称重，计算粗品得率。

（2）碱提酸沉淀法。

称取 0.5~0.75 g 石灰粉（CaO）置于干净的小研钵中，加入 50 mL 水研成乳液备用。称取槐花米 10 g，稍研碎，置于 250 mL 的烧杯中，加 150 mL 水，在搅拌下加入上述石灰乳，调节 pH 值至 8~9，加热至微沸 30 min，趁热过滤。残渣再加入 100 mL 水，加石灰乳调节至 pH=9，煮沸 30 min，趁热过滤，合并滤液。放置冷却至 60~70 ℃，用浓 HCl 调至 pH=4~5，放置 1 h，析出沉淀，抽滤得芸香苷粗品，称重。

（3）水提取法。

称取槐花米 10 g，稍研碎，置于 250 mL 的烧杯中，加 150 mL 沸水置于电热套中加热煮沸 30 min，补充失去的水分，趁热过滤。滤渣再加 150 mL 水，置于电热套中加热煮沸 30 min，趁热过滤，合并两次的滤液，静置 24 h，抽滤，用蒸馏水洗结晶，抽滤，放置在空气中自然干燥即得芸香苷粗品，称重，计算粗品得率。

（4）超声提取法。

称取槐花米 10 g，稍研碎，置于 250 mL 的烧杯中，加 150 mL 水并加石灰乳（0.5~0.75 g）调节 pH 值至 8~9，置于数控超声波清洗器中超声 30 min，过滤，在搅拌下用浓盐酸调节滤液 pH 值至 2~3，放置冷却，析出大量淡黄色沉淀，抽滤，沉淀用少量冷水洗 2~3 次，放置在空气中自然干燥即得芸香苷粗品，称重，计算粗品得率。

2）精制

称取芸香苷粗品 2 g，置于 500 mL 的烧杯中，加 300 mL 蒸馏水，小火加热使粗品全部溶解。加少量活性炭，煮沸 5~10 min，趁热抽滤，滤液放置 12 h，析出结晶，抽滤，沉淀放置在空气中自然干燥即得芸香苷精品，测定熔点，称重，计算精品收率。

## 2. 芸香苷的水解

称取芸香苷精品 1 g，置于 250 mL 的圆底烧瓶中，加 2% 的硫酸溶液 150 mL，小火加热回流 30 min 至 1 h。在加热过程中，开始时溶液呈混浊状，大约 10 min 后转为澄清溶液，逐渐析出黄色针状结晶，即水解产物槲皮素，继续加热至结晶不再增加为止。抽滤，取结晶（保留 20 mL 滤液，以检查其中所含的单糖，加 50% 的乙醇（1 g 结晶加入 90 mL 50% 的乙醇）加热回流，使槲皮素粗品溶解，趁热抽滤，滤液放置析出结晶，抽滤得槲皮素精品，测定熔点，称重，计算收率，进行层析鉴定。

## 3. 芸香苷的定性鉴别

称取精制芸香苷约 10 mg，用 5 mL 乙醇溶解，制成样品溶液。

1）糖的鉴定

Molish 反应：取 1 mL 样品溶液，加 1 mL 10% 的 α - 萘酚溶液，振摇后斜置试管，沿试管壁滴加浓硫酸，静置，观察并记录两层液面交界处的颜色变化。

2）盐酸 - 镁粉反应

取少量上述样品溶液置于试管中，加入少许镁粉、2~3 滴盐酸，观察并记录溶液颜色变化。

3）三氯化铝反应

在一张滤纸上滴加上述样品溶液后,加 2 滴 1% 的三氯化铝乙醇溶液,于紫外灯下观察荧光变化,记录现象。

### 4. 芸香苷和槲皮素的硅胶薄层鉴定

样品:精制芸香苷和槲皮素的乙醇溶液。

吸附剂:硅胶 $GF_{254}$、羧甲基纤维素钠。

展开剂:氯仿、甲醇、甲酸( 15∶5∶1 )溶液或乙酸乙酯、甲酸、水( 8∶1∶1 )溶液。

显色仪:紫外灯。

### 5. 芸香苷的含量测定

1）色谱条件与系统适用性实验

固定相:十八烷基硅烷键合硅胶填充柱。

流动相:甲醇、1% 的醋酸溶液( 83∶17 )。

检测波长:257 nm。

理论板数:按芸香苷的峰计算应不低于 2 000。

2）对照品溶液的制备

称取适量在 120 ℃下减压干燥至恒重的芸香苷对照品,用甲醇制成 1 mL 含 0.1 mg 芸香苷的溶液。

3）供试品溶液的制备

称取适量本品置于具塞锥形瓶中,加入 50 mL 甲醇,称定质量,超声处理,再称定质量,以甲醇补足减失的质量,过滤,量取 2 mL 续滤液置于 10 mL 的容量瓶中,以甲醇稀释至刻度,摇匀即得供试品溶液。

4）测定

吸取对照品溶液与供试品溶液各 10 μL,注入液相色谱仪,进行测定。

## 五、注意事项

（1）槐花米不可研得过细,以免过滤时速度过慢。

（2）槐花米中含有大量黏液,加入石灰乳可使其生成钙盐沉淀而除去。这一步 pH 值应严格控制在 8~9,不得超过 10。因为在强碱条件下煮沸,时间稍长芸香苷便会水解,使提取率明显下降。酸沉一步 pH 值为 4~5,不宜过低,否则会使芸香苷形成盐溶于水,降低收率。

（3）在提取过程中可以加入硼砂水,其既能调节碱性水溶液的 pH 值,又能保护芸香苷分子中的邻二酚羟基不被氧化,亦可保护邻二酚羟基不与钙离子络合,使芸香苷不损失。

（4）利用芸香苷在冷、热水中的溶解度差别达到重结晶的目的,得到的沉淀要先称一下,按照芸香苷在热水中的溶解度为 1∶200 加蒸馏水进行重结晶。

（5）槲皮素以乙醇重结晶时,如所用的乙醇浓度过高（90% 以上）,一般不易析出结晶。此时可向溶液中滴加适量蒸馏水,使溶液呈微浊状态,放置,槲皮素即可析出。

（6）在乳钵中混合硅胶 $GF_{254}$ 和羧甲基纤维素钠黏合剂时,须充分研磨均匀,并沿同一方向研磨,去除表面气泡后再铺板。

（7）点样时,毛细管切勿损坏薄层表面。层析缸必须密闭,否则溶剂易挥发,从而改变展开剂的比例,影响分离效果。展开时,切勿将样点浸入展开剂中。

## 六、思考题

（1）本实验在提取芸香苷的过程中应注意哪些问题?

（2）根据芸香苷的性质,还可采用何种方法进行提取? 简要说明理由。

（3）比较几种提取方法的优缺点。

# 实验二　板蓝根颗粒剂的制备及质量检查

## 一、目的要求

（1）掌握煎煮法制备浸出制剂的方法。
（2）掌握中药颗粒剂的制备工艺流程。
（3）熟悉中药颗粒剂的质量要求和质量检查方法。

## 二、实验原理

中药颗粒剂是一类常用的中药剂型，是以中药饮片为原料，经现代工艺提取、浓缩、干燥后加入适量赋形剂或药材细粉制成的干燥颗粒状制剂。常用的赋形剂有糊精、可溶性淀粉和糖粉等。颗粒剂具有携带方便、便于运输、保存和临床用药方便的特点。颗粒剂应干燥均匀，色泽一致，无吸潮、软化、结块、潮解等现象，其粒度、水分、溶化性、装量差异、微生物限度检查应符合《中华人民共和国药典》的要求。

颗粒剂的制备工艺流程：药材提取→浓缩→精制→浓缩→制粒→干燥→整粒→质检→包装。板蓝根颗粒剂的制备流程如下：

板蓝根 ──水提──→ 水提取液 ──浓缩──→ 浓缩液 ──醇沉──→ ⎰ 沉淀
　　　　　　　　　　　　　　　　　　　　　　　　　　　⎱ 清液 ──浓缩──→

清膏（主药）──加入蔗糖、糊精等辅料 混合均匀──→ 软材 ──过筛──→ 湿颗粒 ──干燥──→

整粒 ──质检──→ 包装

## 三、仪器与材料

### 1. 仪器

烧杯、电热套、圆底烧瓶、冷凝管、表面皿、温度计、药筛、布氏漏斗、抽滤瓶、旋转蒸发仪、干燥器、玻璃棒、坩埚、天平。

### 2. 材料

板蓝根、蔗糖、糊精、乙醇。

## 四、实验内容

### 1. 处方
板蓝根 50 g、蔗糖适量、糊精适量。

### 2. 制备工艺
（1）煎煮：取 50 g 板蓝根，加 200 mL 纯化水浸泡 1 h，煎煮 2 h，滤出煎液，再加适量水煎煮 1 h，合并煎液，过滤。

（2）浓缩：将滤液浓缩至适量。

（3）醇沉：浓缩液加等量 60% 的乙醇，边加边搅拌，静置 24 h，取上清液回收乙醇，浓缩形成相对密度为 1.30~1.33（80 ℃）的清膏。

（4）制粒：以清膏：蔗糖：糊精 =1：2：1.3 的比例混合均匀，制成软材，过 16 目网筛，制成颗粒。

（5）干燥：湿粒于 60 ℃ 左右烘干。

（6）整粒：再次过筛。

（5）包装：用塑料袋密封，每袋 10 g。

### 3. 功能主治
板蓝根可清热解毒、凉血利咽、消肿，用于治疗扁桃体炎、腮腺炎、咽喉肿痛。

### 4. 用法与用量
口服，一日 4 次，一次 1 袋。

### 5. 鉴别
（1）取本品 0.5 g，加 5 mL 水使其溶解，静置，取上清液点于滤纸上，晾干，置于紫外灯（365 nm）下观察，斑点显蓝紫色。

（2）取本品 0.5 g，加 10 mL 水使其溶解，过滤，取滤液 1 mL，加茚三铜试液 0.5 mL，置于水浴中加热数分钟，显蓝色。

### 6. 检查
（1）粒度：除另有规定外，取单剂量包装的颗粒剂 1 袋或多剂量包装的颗粒剂 1 包称定质量，置于药筛中轻轻振动 3 min，不能通过一号筛和能通过四号筛的颗粒和粉末的质量不得超过总质量的 8.0%。

（2）水分：取供试品，按照《中华人民共和国药典》2015 版通则 0832 "水分测定法（第一法）"测定，除另有规定外，水分不得超过 5.0%。

（3）溶化性：取供试品，加 20 倍热水，搅拌 5 min，立即观察，可溶性颗粒应全部溶化，允许有轻微混浊，悬浮性颗粒应混悬均匀，并不得有焦屑等异物；泡腾性颗粒遇水应立即产生二氧化碳并呈泡腾状。

（4）装量差异：取 10 袋供试品，分别称定每袋内容物的质量，每袋的质量与实际装量相比较（无含量测定项的颗粒剂应与平均装量相比较），超出限度的不得多于 2 袋，并不得有 1 袋超出限度 1 倍。非单剂量大规格包装的颗粒剂不检查装量差异。

## 五、注意事项

（1）制粒是制备颗粒剂的关键工艺技术，软材的软硬应适当，以"手握成团，轻压即散"为宜。

（2）湿颗粒制成后，应及时干燥，干燥温度应逐渐上升，否则不仅颗粒的表面干燥后会结一层硬膜而影响内部水分的蒸发，而且颗粒中的蔗糖会因骤遇高温熔化，使颗粒变坚硬而影响崩解。干燥温度一般控制在60~80 ℃。

（3）药材煎煮次数与时间：大生产中颗粒剂一般采用两次煎煮，因为煎煮次数越多，能源、工时消耗越大。

（4）清膏的相对密度：药材经水煎煮，去渣浓缩后得清膏。实践证明，清膏的相对密度越大，和蔗糖混合制粒或压块崩解时限越长。

（5）颗粒的含水量：颗粒的含水量与机压时冲剂的成型质量及药品在贮藏期间的质量变化有密切关系。含水量过高，在贮藏期间易变质；含水量过低，不易成块。颗粒的含水量以3%~5%为宜。

（6）颗粒的均匀度：颗粒的均匀度对颗粒剂的外观质量有较大影响。颗粒型的冲剂一般选用14~18目筛制成颗粒，于70 ℃以下烘干，再用10~12目筛整粒。

## 六、思考题

（1）制备颗粒剂的要点是什么？

（2）颗粒剂的质检项目有哪些？ 检查方法是什么？

（3）制备颗粒剂所用的蔗糖、糊精应达到什么要求？ 为什么？

（4）结合实验谈谈制软材与湿颗粒的体会。

（5）在板蓝根颗粒剂的制备过程中乙醇的作用是什么？

# 实验三　辣椒红素的提取与分离

## 一、目的要求

（1）掌握用薄层色谱法分离、提取天然产物的原理和方法。
（2）学习用薄层色谱和柱色谱法分离、提取红辣椒中的红色素。

## 二、实验原理

　　色谱法是一种物理分离方法,利用混合物中的组分在某物质中的吸附、分配性能不同,使混合物流经该物质反复吸附或者分配。当两相相对运动时,混合物中的各组分在两相中多次分配,分配系数大的组分迁移速度慢,分配系数小的组分迁移速度快,因而各组分会以一定的顺序流出色谱柱,从而得以分离。

　　红辣椒中含有多种色泽鲜艳的天然色素,其中呈深红色的色素主要是辣椒红素和辣椒玉红素,它们极性较大,占总量的 50%~60%,呈黄色的色素是极性较小的 β－胡萝卜素,这些色素可以采用层析法分离。辣椒红素、辣椒玉红素和 β－胡萝卜素的结构如下：

辣椒红素（$C_{40}H_{56}O_3$,分子量 584.85）

辣椒玉红素（$C_{40}H_{56}O_4$,分子量 600.85）

β－胡萝卜素

在本实验中,先用二氯甲烷提取红辣椒中的色素,得到色素混合物;然后制备薄层色谱,使用二氯甲烷作为展开剂,分离色素混合物;再将深红色斑点带刮下,溶解过滤,得到具有相当高纯度的红色素。

## 三、仪器与材料

### 1. 仪器

电子天平、圆底烧瓶、球形冷凝管、磁力搅拌器、旋转蒸发仪、布氏漏斗、抽滤瓶、广口瓶、薄层板、点样毛细管、色谱柱。

### 2. 材料

干燥的红辣椒、二氯甲烷、硅胶 G。

## 四、实验方法与步骤

### 1. 色素的提取

将红辣椒去籽,研碎,称取 3 g,置于 50 mL 的圆底烧瓶中,加入 30 mL 二氯甲烷,加入搅拌子,装上回流冷凝管,磁力加热回流 30 min。待提取液冷却至室温,过滤,除去不溶物,回收二氯甲烷溶剂,得到色素混合物。

### 2. 薄层色谱分离

取薄层板,用硅胶 G 制备薄层色谱板,用二氯甲烷作为展开剂。取少量粗色素混合物样品置于烧杯中,用 0.5 mL 二氯甲烷溶解。在距硅胶 G 薄板底边 1.5 cm 处用铅笔画一条直线,在直线上点样,点成带状,带不宜过宽(宽 2 mm 左右),晾干,放入展开缸中进行展开。记录每一条色素带的颜色,并计算它们的 $R_f$ 值。

### 3. 柱色谱分离

用镊子夹取少量脱脂棉放于干净的色谱柱底部,轻轻塞紧,再在脱脂棉上盖一层厚 0.5 cm 的海石沙(或用一张比内径略小的滤纸代替),关闭活塞。将 10 mL 二氯甲烷与 10 g 硅胶调成糊状物,通过色谱柱上口加入柱中,加毕,轻敲色谱柱,使装填致密、均匀,且顶端水平。

打开活塞,放出洗脱剂直到其液面降至硅胶上层,关闭活塞。将色素混合物溶解于约 1 mL 二氯甲烷中,然后用滴管将色素的二氯甲烷溶液沿柱壁缓缓加至吸附剂表面。打开活塞,待色素溶液液面与硅胶上层平齐时,加入洗脱剂进行淋洗,在色谱柱下端用试管分段接收洗脱液,每段收集 2 mL。用薄层色谱检验各段洗脱液,将组分相同的接收液合并,用旋转蒸发仪浓缩,收集辣椒红素,称量,计算提取率。

### 4. 红色素的检验

(1)薄层色谱检验。通过薄层色谱检验分离效果,采用薄层板鉴定含有红色素的产品。

样品:红色素标准品、红色素样品(取少量样品置于小试管中,加适量二氯甲烷溶解)。

展开剂：二氯甲烷。

色谱结果：对照样品色斑与标准品色斑的颜色和位置，计算 $R_f$ 值，并观察样品有无其他色素斑点，给出结论。

（2）红外光谱检验。对所得红色素样品进行红外光谱分析，所得结果与红色素的标准红外光谱图进行比较。

## 五、注意事项

（1）干燥红辣椒的时候温度不能过高，以防其变黑。

（2）色谱柱装填要均匀，否则会影响分离效果。

（3）铺板时手要平稳，否则容易不均匀，室内不能太潮湿，活化应充分，若活化不充分板易裂且斑点无法分开。

（4）待前次点样的溶剂挥发后方可再次点样，以防样点过大造成拖尾、扩散等现象，影响分离效果。

## 六、思考题

（1）若色谱柱中有气泡，会给分离带来什么影响？ 如何除去气泡？

（2）已知红色素是多种化合物的混合物，为什么在薄层色谱中它只形成一个斑点？

（3）分析红色素的红外光谱图，从中可以获得有关分子结构的哪些信息？

# 实验四　大枣中多糖的提取与分离

## 一、目的要求

（1）学习多糖的提取、分离方法及工艺。

（2）掌握多糖的鉴定方法。

（3）掌握萃取、离心、蒸发和干燥等单元操作。

## 二、实验原理

大枣是鼠李科枣属植物枣树的果实，又名华枣、红枣，主产于我国，有极高的营养价值和很好的医疗保健作用，是中国传统医药中"药食同源"的优良补品，也是被国内外医药界重视的营养滋补剂。

多糖是由单糖聚合而成的天然高分子化合物，广泛存在于植物、动物和微生物组织中。由于多糖结构复杂，人们对多糖的认识仅限于它是生物体内的能量资源和结构材料。大枣多糖是大枣中重要的生物活性物质，可作为免疫调节剂，激活免疫细胞，提高机体的免疫功能，在临床上可用于治疗恶性肿瘤、肝炎等疾病。此外，它还能控制细胞的分裂和分化，调节细胞的生长和衰老，且对正常细胞没有毒副作用。大枣多糖广泛应用于医药、保健品及功能食品中，其作为绿色生物医药产品具有广阔的市场前景。

植物有效成分的提取和分离就是尽量将需要的和不需要的成分分开，即去粗取精的过程。目前，多糖的提取方法主要有三种，分别是溶剂萃取法、生物提取法和新型提取法。最经典的方法是溶剂萃取法；新型提取法有超声波辅助提取法、微波辅助提取法和超临界 $CO_2$ 萃取法等；对微量成分，结构、性质类似的成分可用色谱法，包括吸附色谱法、分配色谱法、离子交换色谱法、凝胶色谱法、高效液相色谱法等。

不同目的产物应根据其结构和性质的不同选取不同的提取方法。大枣多糖是极性的亲水性物质，根据"相似相溶原则"，提取时应选择极性强的溶剂，比如水、醇等。水价廉、易得、使用安全，对天然产物的细胞有较强的穿透能力，因此根据原料及多糖的特点，本实验采用溶剂提取法，用水提取大枣中的多糖类化合物。该法具有设备简单、操作方便、应用广泛等优点。但由于水的极性大，容易把蛋白质、苷类等水溶性成分浸取出来，所以需要分离。

首先以水为溶剂，将大枣多糖及其他水溶性成分提取出来。再采用乙醇沉淀工艺，使溶于醇的物质和不溶于醇的多糖分离开。多糖沉淀中的杂质主要为色素、植物蛋白质。蛋白质的去除方法有盐析法、加热变性法、等电点沉淀法、有机溶剂变性萃取法、膜过滤法。加热变性法不能完全除去蛋白质；等电点沉淀法要求操作精细，并且由于沉淀中含有多种植物蛋白质，单一的等电点不能达到除尽蛋白质的目的；膜过滤法费时，时间太长料液会发酵。比较上述方法，本实验选用有机溶剂变性萃取法除去蛋白质。

除去色素常规的方法是活性炭吸附法,也有用树脂脱色的。本实验选用活性炭吸附法。

## 三、仪器与材料

### 1. 仪器
电子天平、磁力搅拌器、真空干燥箱、恒温水浴箱、低速离心机、循环水式真空泵、旋转蒸发仪、中药粉碎机、圆底烧瓶、量筒、容量瓶、试管、移液管、玻璃棒、抽滤瓶、布氏漏斗、烧杯。

### 2. 材料
大枣、无水乙醇、浓硫酸、苯酚、蒸馏水、铝粉、正丁醇、三氯甲烷、活性炭等。

## 四、实验方法与步骤

### 1. 大枣多糖的提取
(1)将大枣烘干、粉碎,称取 15 g 枣粉,装入 250 mL 的圆底烧瓶中,再加入 200 mL 蒸馏水。

(2)加入磁搅拌子,开启磁力搅拌器搅拌,于 80 ℃的恒温水浴中提取 2 h。

(3)稍冷,将大枣提取液离心分离,收集上层清液,并定容于 200 mL 的容量瓶中,从中移取 10 mL 以备鉴定。

(4)将剩余清液于 45 ℃下用旋转蒸发仪减压浓缩至原体积的一半,边搅拌边向浓缩液中加入无水乙醇,使溶液中乙醇含量达到 70%。静置 2 h 后离心分离,收集多糖沉淀,再加入无水乙醇洗涤 2~3 次,得到粗品多糖。

(5)将粗品多糖用蒸馏水溶解,与正丁醇和三氯甲烷的混合液萃取振荡数次,分离下层变性蛋白质,收集上清液。

(6)向清液中加入适量活性炭,煮 30 min,抽滤后将沉淀物在 45 ℃的真空中干燥,得大枣多糖,称量,计算提取率,计算公式为

$$提取率 = \frac{干燥的大枣多糖质量}{枣粉质量} \times 100\%$$

### 2. 多糖的鉴定
(1)配制 5% 的苯酚溶液。称取 100 g 苯酚,加 0.1 g 铝粉、0.05 g 碳酸氢钠,蒸馏,收集 182 ℃下的馏分。称取此馏分 25 g,加入 475 g 蒸馏水,混匀,置于棕色试剂瓶中,放入冰箱备用。

(2)称取 3 份上述备用的大枣多糖提取液,每份 1 mL,编号 1、2、3,分别定容于 50 mL、100 mL 和 200 mL 的容量瓶中,放入冰箱备用。

(3)分别移取 1 mL 1、2、3 号多糖溶液置于 10 mL 的试管中,然后依次加入 1.6 mL 5% 的苯酚溶液、7mL 浓硫酸,振摇均匀后于室温下冷却,观察溶液颜色的变化情况。

## 五、注意事项

（1）使用旋转蒸发仪浓缩溶液的时候，温度不能太高，操作完毕后要注意防止倒吸。

（2）配制苯酚溶液时，操作人员需戴自吸过滤式防尘口罩，戴化学安全防护眼镜，穿透气性防毒服，戴防化学品手套，远离火种、热源，在通风橱中进行。

## 六、思考题

（1）讨论影响多糖的提取率的因素。

（2）结合多糖的性质，分析采用苯酚硫酸法鉴定大枣多糖的原理是什么。讨论溶液颜色与多糖含量的关系。

# 实验五　浸出制剂的制备

## 一、目的要求

（1）掌握酒剂、酊剂与流浸膏等浸出制剂的制备方法及操作过程。

（2）掌握浸渍法、渗漉法等浸出方法的操作过程及操作注意事项。

（3）掌握含醇量的测定方法。

## 二、实验原理

酒剂又名药酒，是用蒸馏酒浸提药材而制得的澄清液体制剂。其对药材量无统一的规定，通常以酒为浸出溶剂，采用冷浸渍法、热浸渍法、渗漉法、回流法制备，可加适量的炼糖或炼蜜矫味。

酊剂是药物用规定浓度的乙醇提取或溶解而制成的澄清液体制剂，亦可用流浸膏稀释制成。除另有规定外，毒性药的酊剂，100 mL 相当于 10 g 原药材；其他酊剂，100 mL 相当于 20 g 原药材。其通常以不同浓度的乙醇为溶媒，采用溶解法、稀释法、浸渍法、渗漉法制备。

流浸膏是药材用适宜的溶剂提取，蒸去部分溶剂，调整浓度至规定的标准而制成的制剂。除另有规定外，1 mL 膏剂相当于 1 g 原药材。其一般以不同浓度的乙醇为溶剂，多用渗漉法制备，亦可用浸渍法、煎煮法制备。流浸膏成品至少含 20% 以上的乙醇。以水为溶剂时，其成品中亦需加 20%~25% 的乙醇作防腐剂，以利于贮存。

渗漉法的工艺流程为：药材粉碎→润湿→装筒→排气→浸渍→渗漉→收集渗漉液。采用渗漉法制备流浸膏时，应先收集药材量 85% 的初漉液，另器保存，然后继续渗漉，收集药材量 3~4 倍的续漉液，低温浓缩至呈稠膏状，与初漉液合并，搅匀，调整至规定的标准，静置 24 h 以上，过滤，即得产品。

药材的粉碎度应适宜，以利于有效成分浸出，过粗有效成分浸提不完全，溶剂消耗量大，过细则渗漉、过滤等处理较困难，一般以药材粗粉为宜。药粉装渗漉筒前应先将药材用浸提溶剂润湿，使其充分膨胀，以免在筒内膨胀，造成渗漉障碍；装筒时应将药粉分次加入，层层铺平，松紧一致，药粉装量一般不超过渗漉筒容积的 2/3。装溶剂时应先排出筒内的气泡，以避免溶剂冲动粉柱而影响浸出效果。渗漉前应浸渍 24~48 h，使溶剂充分渗透扩散，以提高浸出效率。渗漉速度应适当，既要使成分充分浸出，又要不影响生产效率。

酒剂、酊剂与流浸膏均属于含醇浸出制剂，成品均应检查乙醇含量。

## 三、仪器与材料

### 1. 仪器

磨塞广口瓶、渗漉筒、木槌、接收瓶、铁架台、蒸馏瓶、冷凝管、温度计、水浴锅、烧杯、量筒、量杯、脱脂棉、滤纸、电炉、蒸发器、漏斗、天平等。

### 2. 材料

五加皮、制川乌、制草乌、木瓜、红花、麻黄、乌梅、甘草、橙皮、大黄、乙醇、白酒。

## 四、实验方法与步骤

### 1. 抗风湿酒

1）处方

五加皮、制川乌、制草乌、木瓜、红花、麻黄、乌梅、甘草各 10 g，白酒 500 mL。

2）制备工艺

取以上药材和白酒，加热回流提取 2 h，放冷过滤，滤渣用力压榨，所得压榨液与滤液合并，静置 24 h，过滤即得产品。

3）功能与主治

祛风散寒，除湿止痛，用于风湿性关节炎、腰腿痛等的治疗。

4）用法与用量

口服，一日 3 次，一次 5~10 mL。

### 2. 橙皮酊

1）处方

橙皮（最粗粉）20 g、乙醇（60%）适量。

2）制备工艺

采用浸渍法制备。称取干燥的橙皮粗粉 20 g，置于广口瓶中，加 60% 的乙醇 100 mL，密封，时加振摇，浸渍 3~5 日，倾出上层清液，用纱布过滤，压榨残渣，压榨液与滤液合并，静置 24 h，过滤即得产品。

3）功能与主治

理气健胃，用于消化不良、胃肠胀气，亦有祛痰的作用，常用于配制橙皮糖浆。

### 3. 大黄流浸膏

1）处方

大黄（最粗粉）60 g、60% 的乙醇适量。

2）制备工艺

采用渗滤法，用 60% 的乙醇作溶剂，浸渍大黄粗粉 24 h 后，以 1~3 mL/min 的速度缓缓渗滤，先收集药材量 85% 的渗滤液，另器保存；然后继续渗滤，至滤液色淡为止（待有效成分完全渗出），将续滤液在 70 ℃以下减压蒸馏，回收乙醇并浓缩至呈糖浆状；与初滤液合并，添加适量溶剂至 60 mL，静置数日，过滤即得产品。

## 五、质量检查

### 1. 总固体含量

产品在水浴中蒸干后，在 105 ℃下干燥 3 h，总固体不得少于 30.0%。

### 2. 含醇量

1）气相色谱法

采用气相色谱法（《中华人民共和国药典》2015 版通则 0521）测定制剂在 20 ℃下的乙醇含量。除另有规定外，按下列条件与方法测定。

（1）色谱条件与系统适用性实验。用直径为 0.18~0.25 mm 的二乙烯苯－乙基乙烯苯型高分子多孔小球作载体，柱温为 120~150 ℃；分别量取无水乙醇 4、5、6 mL，各加入 5 mL 正丙醇（作为内标物质），加水稀释至 100 mL，混匀（必要时可进一步稀释）。测定时应符合下列要求：

①用正丙醇计算的理论板数应大于 700；

②乙醇和正丙醇两峰的分离度应大于 2；

③上述 3 份溶液各注样 5 次，所得 15 个校正因子的相对标准偏差不得大于 2.0%。

（2）标准溶液的制备。量取恒温至 20 ℃的无水乙醇和正丙醇各 5 mL，加水稀释至 100 mL，混匀，即得。必要时可进一步稀释。

（3）供试品溶液的制备。量取 10 mL 恒温至 20 ℃的供试品（相当于约 5 mL 乙醇）和 5 mL 正丙醇，加水稀释至 100 mL，混匀，即得。必要时可进一步稀释。

（4）测定。取适量标准溶液和供试品溶液，分别连续注样 3 次，计算出校正因子和供试品中的乙醇含量，取 3 次计算的平均值作为结果。计算公式如下：

$$c = \frac{(h_i/h_s)_{样} \times 稀释倍数（10倍）}{(h_i/h_s)_{标}} \times c_o$$

式中：$c$ 为混合样中乙醇的含量；$h_i$ 为乙醇的峰值；$h_s$ 为正丙醇的峰值；$c_o$ 为内标物质与混合样的容量之比。

2）蒸馏法

取 50 mL 样品，置于附有冷凝管和温度计的蒸馏瓶中，加少量沸石，水浴加热至沸腾状态。从样品开始沸腾起过 5~10 min，准确测量沸点（精确至 0.1 ℃），查出样品的含醇量。酊剂含醇量应为 50%~58%；流浸膏含醇量应为 40%~50%。乙醇溶液的沸点与含醇量的关系（1 个绝对大气压下）见表 4-1。

表 4-1　乙醇溶液的沸点与含醇量的关系（1 个绝对大气压下）

| 沸点 /℃ | 100.0 | 95.0 | 91.5 | 89.5 | 87.1 | 85.8 | 84.6 | 83.8 | 83.1 | 82.5 | 81.9 |
|---|---|---|---|---|---|---|---|---|---|---|---|
| 含醇量 /% | 0 | 5 | 10 | 15 | 20 | 25 | 30 | 35 | 40 | 45 | 50 |
| 沸点 /℃ | 81.5 | 81.0 | 80.5 | 80.1 | 79.7 | 79.3 | 78.9 | 78.5 | 78.3 | 78.2 | |
| 含醇量 /% | 55 | 60 | 65 | 70 | 75 | 80 | 85 | 90 | 95 | 100 | |

## 六、思考题

（1）常用的浸出方法有哪些？各有何特点？

（2）比较浸渍法与渗漉法的异同点。在操作中各应注意哪些问题？

（3）比较酒剂与酊剂的异同点。

（4）采用渗漉法制备流浸膏为何要收集药材量85%的初漉液另器保存？

# 实验六　中药丸剂的制备

## 一、目的要求

（1）掌握中药丸剂的制备方法。

（2）熟悉中药丸剂的质量检测方法。

## 二、实验原理

丸剂（pills）是我国的传统剂型之一，指药物细粉或药材提取物加适宜的黏合剂或其他辅料制成的球形或类球形制剂，主要供内服。其按照辅料不同分为蜜丸、水蜜丸、水丸、糊丸、蜡丸或浓缩丸等；按照制法不同分为泛制丸、塑制丸及滴制丸。

蜜丸是中医临床应用最广泛的一种中成药。蜂蜜含有较丰富的营养成分，具滋补作用，味甜能矫味，并具有润肺止咳、润肠通便、解毒的作用。蜂蜜还含有大量还原糖，能防止药材的有效成分氧化变质；炼制后黏合力强，与药粉混合后丸块表面不易硬化，有较大的可塑性，制成的丸粒圆整、光洁、滋润，含水量少，崩解缓慢，作用持久，所以是一种良好的黏合剂。一般丸重 0.5 g 以上的称大蜜丸，0.5 g 以下的称小蜜丸。蜜丸常用于治疗慢性病和需要滋补的疾病。

蜂蜜是蜜丸的主要载体，它不仅能起到黏合的作用，而且有一定的药效，与主药相辅相成，增进疗效。蜂蜜稠厚而富有营养，有润肺止咳、润肠通便等功能，可增强药物的补益效力，并能减小副作用，遮掩苦味，延缓药物的溶解吸收，尤其适宜制作补益类中成药，如乌鸡白凤丸、六味地黄丸、补中益气丸、催乳丸、养阴清肺丸、参附强心丸、生血丸等。蜂蜜的选择与炼制是保证蜜丸质量的关键。蜂蜜一般以乳白色和淡黄色，味甜而香，无杂质，稠如凝脂，油性大，含水分少为好。但由于来源、产地、气候等关系，其质量不一，北方产的蜂蜜一般含水分少，南方产的蜂蜜一般含水分较多。

炼蜜的目的是除去杂质，破坏酵素，杀死微生物，蒸发水分，增强黏性。其方法是小量生产时用铜锅或锅直火加热，文火炼；大量生产时用蒸汽夹层锅、减压蒸发浓缩锅炼制，最后滤除杂质。炼蜜的程度分为嫩蜜、炼蜜、老蜜三种。

嫩蜜是将蜂蜜加热至沸腾，温度达到 105~115 ℃，含水量为 17%~20%，相对密度为 1.34，颜色无明显变化，稍有黏性，约失去 3% 的水分。其适用于含有较多脂肪、淀粉、黏液、糖类及动物组织的方剂，蜜用量为 50%，在 40~50 ℃下制备，如天王补心丹。

炼蜜是将嫩蜜继续加热，温度达 116~118 ℃，含水量为 14%~16%，相对密度为 1.37，炼制时出现浅黄色有光泽的翻腾的均匀小气泡，用手捻有黏性，两手指分开时无白丝出现。炼蜜适合黏性中等的药材制丸，大部分蜜丸采用炼蜜制丸。

六味地黄丸由六味中药材制成，熟地黄为君药，故名六味地黄丸。其具有增强免疫力、抗衰老、抗疲劳、抗低温、耐缺氧、降血脂、降血压、降血糖、改善肾功能、促进新陈代谢的作用。

## 三、仪器与材料

### 1. 仪器

搓丸板、研钵、烘箱、搪瓷盘、升降式崩解仪、天平。

### 2. 材料

熟地黄、山茱萸、牡丹皮、山药、茯苓、泽泻、蜂蜜。

## 四、实验方法与步骤

### 1. 制备

1）处方

熟地黄 120 g、山茱萸（制）80 g、牡丹皮 60 g、山药 80 g、茯苓 60 g、泽泻 60 g。

2）制备工艺

（1）以上六味药材除熟地黄、山茱萸外，其余四味共研成粗粉，取一部分与熟地黄、山茱萸共研成不规则的块状，放入烘箱内于 60 ℃以下烘干，再与其他粗粉混合研成细粉，过 80 目筛，混匀备用。

（2）炼蜜。取检验合格的生蜂蜜经过滤后置于适宜的容器中，加入适量清水，加热至沸腾，过滤，除去蜡、死蜂、泡沫及其他杂质。然后继续加热炼制，至蜜表面起黄色气泡，手捻之有一定的黏性，但两手指离开时无长丝出现即可。

（3）制丸块。将药粉置于搪瓷盘内，100 g 药粉加入 90 g 左右炼蜜，混合揉制成均匀、柔软、不干裂的丸块。

（4）搓条、制丸。根据搓丸板的规格将制成的丸块用手掌或搓条板前后滚动搓捏，搓成适宜长短、粗细的丸条，再置于搓丸板的沟槽底板上，手持上板使两板对合，然后由轻至重前后搓动数次，直至丸条被切断且搓圆成丸。每丸重 9 g。

（5）包装与贮藏。制成的蜜丸可采用蜡纸、玻璃纸、塑料袋、蜡壳包好，注明品名、批号、规格，储存于阴凉干燥处。

### 2. 质量检查

（1）外观。产品外观应圆整均匀，色泽一致，细腻滋润，软硬适中。

（2）质量差异。取本品 20 丸，称定总质量，求得平均丸重，再分别称定每丸的质量，每丸的质量与平均丸重相比应符合有关规定。

（3）崩解时限。采用升降式崩解仪，将产品分别置于吊篮的玻璃管中，加入挡板，启动崩解仪进行检查，应在 30 min 内全部溶散。如有 1 粒不能完全溶散，应另取 6 粒复试，均应符合规定。

## 五、注意事项

（1）炼蜜时应不断搅拌，以免溢锅。炼蜜程度应恰当，过嫩含水量高，粉末黏合不好，成丸易霉坏；过老丸块发硬，难以搓丸，成丸难崩解。

（2）药粉与炼蜜应充分混合均匀，以保证搓条、制丸顺利进行。

（3）为避免丸块、丸条黏着搓条、搓丸工具与双手，操作前可在手掌和工具上涂抹少量润滑油。

（4）由于本方既含有熟地黄等滋润型成分，又含有茯苓、山药等粉性较强的成分，所以宜采用的炼蜜温度为 70~80 ℃。

（5）润滑油可用 1 000 g 麻油加 120~180 g 蜂蜡熔融制成。

## 六、思考题

（1）在六味地黄丸的制备过程需要注意什么问题？

（2）丸剂的制备方法有哪些？

# 第五部分　药物制剂实验

## 实验一　阿司匹林片剂的制备及检测

### 一、目的要求

（1）通过阿司匹林片剂的制备熟悉湿法制粒压片的一般工艺。

（2）掌握片剂质量的检查方法。

（3）掌握单冲压片机的结构和使用方法。

（4）掌握硬度测定仪、崩解度测定仪、溶出仪的主要结构及各自检查的目的和意义。

### 二、实验原理

　　阿司匹林片剂由乙酰水杨酸、淀粉、酒石酸、滑石粉、17%的淀粉浆组成。其中，乙酰水杨酸为主药，淀粉为填充剂和崩解剂，17%的淀粉浆为黏合剂，滑石粉为润滑剂。

　　片剂的制法分为直接压片、干法制粒压片和湿法制粒压片。除对湿、热不稳定的药物之外，多数药物采用湿法制粒压片。湿法制粒压片的一般操作过程如下：

$$\text{原料粉碎、过筛} \rightarrow \text{混合} \xrightarrow{\text{润湿剂、黏合剂、崩解剂}} \text{制软材} \rightarrow \text{制湿颗粒} \rightarrow$$

$$\text{湿粒干燥} \rightarrow \text{整粒} \xrightarrow[\text{挥发性成分}]{\text{润滑剂、崩解剂}} \text{混合} \rightarrow \text{压片} \rightarrow \text{包衣} \rightarrow \text{包装}$$

湿法制粒压片的要点如下。

　　（1）原料药与辅料应混合均匀。含水或含有剧毒药物的片剂，可根据药物的性质用适宜的方法使药物分散均匀。

　　（2）凡具有挥发性或遇热分解的药物，在制片过程中应避免受热损失。

　　（3）凡具有令人不适的气味、刺激性，易潮解或遇光易变质的药物，制成片剂后可包糖衣或薄膜，可采用包衣机进行片剂的薄膜包衣。对一些遇胃液易被破坏或需要在肠内释放的药物，制成片剂后应包肠溶衣。为减小某些药物的毒副作用，或延缓某些药物的作用，或使某些药物能定位释放，可采用适宜的制剂技术制成可控制药物溶出速率的片剂。

## 三、仪器与材料

### 1. 仪器

烧杯、天平、容量瓶、尼龙筛、研钵、压片机、烘箱、硬度测定仪、崩解度测定仪、溶出仪、移液管。

### 2. 材料

阿司匹林、淀粉、酒石酸、滑石粉、硫酸、氢氧化钠。

## 四、实验方法与步骤

### 1. 处方（100 片）

阿司匹林 15 g、滑石粉 0.75 g、淀粉（干燥）1.5 g、17% 的淀粉浆适量、酒石酸 0.15 g。

### 2. 制备工艺

（1）配制 17% 的淀粉浆。用适量蒸馏水将 17 g 淀粉分散均匀，再加入 0.15 g 酒石酸，加水至 100 mL，加热至呈糊状，制成 17% 的淀粉浆。加热时不宜直火加热，以免焦化而使压片时形成色点。

（2）将阿司匹林过 100 目筛，取阿司匹林细粉与淀粉混合均匀，加淀粉浆制成软材，用 16 目筛制成颗粒。湿粒在 40~60 ℃下快速干燥，过 16 目筛整粒，加干淀粉作崩解剂，加滑石粉作润滑剂，混匀后计算片重，压片。

### 3. 质量检查与评定

（1）外观检查：产品外观应完整光洁，色泽均匀，有适宜的硬度，以免在包装贮运过程中造成碎片。

（2）片重差异不得超过 ±7.5%。

（3）硬度实验：测 3~6 片，取平均值。

（4）脆碎度使用脆碎度检查仪测定。片重为 0.65 g 或以下者取若干片，使总重约为 6.5 g；片重为 0.65 g 以上者取 10 片。用毛刷刷取脱落的粉末，称重，置于圆筒中转动 100 次，取出，同法除去粉末，称重，减失的质量不得超过 1%，且不得检出断裂、龟裂及粉碎的片。本实验一般只做 1 次，如减失的质量超过 1%，应复检 2 次，3 次的平均减失质量不得超过 1%，并不得检出断裂、龟裂及粉碎的片。

脆碎度的计算公式为

$$脆碎度 = \frac{细粉和碎粒的质量}{原药片的质量} \times 100\% = \frac{原药片的质量 - 测试后药片的质量}{原药片的质量} \times 100\%$$

（5）崩解时限：按照要求取药片，置于片剂崩解仪内检查，记录检查结果。

（6）溶出度实验。按照溶出度第一法进行测定，以 24 mL 稀盐酸加水至 1 000 mL 为溶剂，注入各操作容器中，加温使溶剂温度保持在（37±0.5）℃，调节溶出仪转速为 100 r/min。取 6 片制好的阿司匹林片剂，分别投入 6 个转篮中，将转篮降入容器中，立即开始计时，30 min 后取 10 mL 溶液，过滤，量取 3 mL 续滤液置于 50 mL 的容量瓶中，加

5 mL 0.4% 的氢氧化钠溶液,置于水浴中煮沸 5 min,放冷加 2.5 mL 稀硫酸,并加水至刻度,摇匀。采用分光光度法在 303 nm 的波长处测定吸光度,按 $C_7H_6O_3$ 的吸收系数 $E_{1\,cm}^{1\%}$ 为 265 计算,再乘以 1.304,计算出每片的溶出量。限度为不少于标示量的 80%,应符合规定。

## 五、注意事项

（1）阿司匹林在润湿状态下遇铁器易变色,呈现淡红色。因此,宜尽量避免铁器,如过筛时宜用尼龙筛网,并宜迅速干燥。

（2）配制淀粉浆时,不宜直火加热,以免焦化而使压片时形成色点。加浆以温浆为宜,温度太高不利于药物稳定,并宜使崩解剂降低崩解作用,温度太低不易分散均匀。

（3）在压片过程中应及时检查片重与崩解时间,以便调整。其硬度比一般压制片高,在崩解度符合要求的条件下宜硬些。

## 六、思考题

（1）试叙述阿司匹林片剂的处方中各原料所起的作用。

（2）在制备阿司匹林片剂的过程中,怎样避免乙酰水杨酸分解?

（3）测定固体制剂的体外溶出度有何意义?

# 实验二　对乙酰氨基酚片剂的制备及检测

## 一、目的要求

（1）通过对乙酰氨基酚片剂的制备熟悉湿法制粒压片的一般工艺。

（2）掌握片剂质量的检查方法。

（3）掌握单冲压片机的结构和使用方法。

（4）掌握硬度测定仪、崩解度测定仪、溶出度测定仪的主要结构及各自检查的目的和意义。

## 二、实验原理

片剂是药物与辅料均匀混合后压成的片状或异型片状固体制剂，是临床应用最为广泛的剂型之一，可内服和外用。片剂由药物和辅料两部分组成，辅料为片剂中除主药以外物质的总和，亦称赋形剂。片剂具有剂量准确、质量稳定、服用方便、成本低等优点。

### 1. 制备

片剂的制备方法有直接压片和制粒后压片。直接压片分为结晶直接压片和粉末直接压片；制粒后压片分为干法制粒后压片和湿法制粒后压片。除对湿、热不稳定的药物之外，多数药物采用湿法制粒后压片工艺。湿法制粒后压片的一般操作过程如下：

$$原料粉碎、过筛 \rightarrow 混合 \xrightarrow{润湿剂、黏合剂、崩解剂} 制软材 \rightarrow 制湿颗粒 \rightarrow$$

$$湿粒干燥 \rightarrow 整粒 \xrightarrow[挥发性成分]{润滑剂、崩解剂} 混合 \rightarrow 压片 \rightarrow 包衣 \rightarrow 包装$$

各工序都直接影响片剂的质量，药物和辅料使用前必须经过干燥、粉碎和过筛等处理；难溶性药物必须足够细；主药和辅料应充分混合均匀。若药物用量小，与辅料量相差悬殊，一般采用等量递增法混合。

（1）制软材和湿颗粒。向混合均匀的物料中加入适量黏合剂，手工或用混合机混合后制成软材。软材的干湿程度应适宜，"手握成团，轻压即散"，以手握后掌上不沾粉为度。软材可通过适宜的筛网制成均匀的颗粒，颗粒大小根据片剂大小由筛网的孔径控制，一般大片（0.3~0.5 g）选用14~16目、小片（0.3 g以下）选用18~20目筛制粒。

（2）干燥和整粒。制备好的湿粒应尽快干燥，干燥温度根据物料的性质而定，一般控制在40~60 ℃。湿颗粒不能铺得太厚，以免干燥时间过长造成药物被破坏。干燥后的颗粒常常黏结成块，需过筛整粒使黏结成块的颗粒分散开，同时加入润滑剂以及外加法所需的崩解剂与颗粒混匀。

（3）压片。大量生产时，直接由原料用量计算理论片重，因此在生产过程中应尽可能减少物料损失。

质量要求:含量准确,片重差异小,硬度适宜,色泽均匀,完整光洁,在规定的储藏期内不得变质,崩解度和溶出度符合要求,符合微生物检查的要求。

**2. 质量检测**

1)片重差异检查

取 20 片药片,称定总质量,求得平均片重,再分别称定各片的质量。按下式计算片重差异:

$$片重差异(\%) = \frac{单片片重-平均片重}{平均片重} \times 100\%$$

片剂质量差异的限度应符合表 5-1 中的规定。

表 5-1 片剂质量差异的限度

| 平均质量 | 质量差异限度 |
|---|---|
| 0.30 g 以下 | ± 7.5% |
| 0.30 g 及以上 | ± 5.0% |

糖衣片、薄膜衣片应在包衣前检查片芯的质量差异,符合规定后方可包衣,包衣后不再检查片重差异。凡规定检查含量均匀度的片剂,不必进行片重差异检查。

2)硬度检查

片剂的硬度是片剂经包装、运输后仍能保持外形完整的抵抗强度,除手工检查外,还可以在硬度测定仪上测定,即将片剂侧立于仪器的固定底板和活动柱头之间,通过螺旋的作用使连续活动柱头的弹簧加压于待测片剂,片剂破裂时仪器所显示的压力即为片剂的硬度。每种处方检查 6 片,以平均值表示片剂的硬度。

3)崩解时限检查

崩解指固体制剂在检查时限内全部崩解溶散或成碎粒,除不溶性包衣材料或破碎的胶囊壳外,应全部通过筛网。如有少量不能通过筛网,但已软化或轻质上浮且无硬心,可作符合规定论。

4)脆碎度检查

(1)取若干片供试品,使总质量约为 6.5 g;平均片重大于 0.65 g 的供试品,取 10 片进行实验。

(2)用吹风机或洗耳球吹去供试品片剂表面的粉末,称定质量。

(3)将供试品置于圆筒中,开动电动机转动 100 次(4 min)。

(4)实验结束后,将供试品取出检查,供试品不得出现断裂、龟裂或粉碎现象。

(5)取实验后的供试品,用吹风机或洗耳球吹去粉末,称定质量。

(6)结果与判定:①未检出断裂、龟裂或粉碎片,且减失质量未超过 1%,判为符合规定;②减失质量超过 1%,但未检出断裂、龟裂或粉碎片,另取供试品重复实验 2 次,3 次实验的平均减失质量未超过 1% 时,且未检出断裂、龟裂或粉碎片,判为符合规定。

5)溶出度检查

溶出度是药物在规定的溶剂中从片剂或胶囊剂等固体制剂中溶出的速度和程度。凡检查溶出度的制剂,不再进行崩解时限检查。只有固体制剂中的活性药物成分溶解之后,才能被机体吸收。溶出度实验是预测药物在体内溶出、释放、吸收的重要手段,是控制固体制剂质量的重要指标之一。对乙酰氨基酚的溶解度、辅料的亲水性程度和制片工艺都会影响制剂的溶出度,对乙酰氨基酚溶出度测定采用第一法篮法。

## 三、仪器与材料

### 1. 仪器

研钵、压片机、烘箱、硬度测定仪、崩解度测定仪、溶出仪、移液管。

### 2. 材料

对乙酰氨基酚、可压性淀粉、微晶纤维素、硬脂酸镁、聚山梨酯-80、2% 的 HPMC 水溶液、羧甲基淀粉钠、盐酸、氢氧化钠。

## 四、实验方法与步骤

### 1. 处方

对乙酰氨基酚 25 g、可压性淀粉 10 g、微晶纤维素 10 g、硬脂酸镁 0.2 g、聚山梨酯-80 0.5 g、2% 的 HPMC 水溶液适量、羧甲基淀粉钠 1 g。

### 2. 制备工艺

(1)取 50 mL 蒸馏水,加入聚山梨酯-80,温热使其溶解,加入 1 g HPMC,搅拌使其溶解,备用。

(2)取对乙酰氨基酚,粉碎,过 100 目筛,备用。

(3)称取对乙酰氨基酚、可压性淀粉、微晶纤维素混合均匀,加入适量(1)中制得的溶液,加入时分散面要大,混合均匀,制成软材。

(4)过 16 目筛制成颗粒,在 60 ℃下干燥,干燥后水分含量控制在 3.0% 以下。

(5)过 26 目筛整粒,与过筛的羧甲基淀粉钠、硬脂酸镁混匀,压片。

### 3. 质量评定

1)外观

片形应一致,表面完整光洁,边缘整齐,色泽均匀。

2)片重差异

取 20 片药片,称定总质量,求得平均片重,再分别称定各片的质量。按下式计算片重差异:

$$片重差异（\%）=\frac{单片片重-平均片重}{平均片重}\times100\%$$

0.30 g 以下的药片质量差异限度为 ±7.5%,片重 0.30 g 及以上的药片质量差异限度为 ±5.0%。超出片量差异限度的片剂不得多于 2 片,并不得有 1 片超出限度一倍。

3)崩解时限

除另有规定外,取供试品 6 片,分别置于吊篮的玻璃管中,每管各加一片,吊篮浸入盛有(37±1)℃水的 1 000 mL 烧杯中,启动崩解仪,按一定的频率和幅度往复运动,各片均应在 15 min 内全部崩解。如有 1 片崩解不完全,应另取 6 片,按上述方法复查,均应符合规定。

4)硬度实验

用硬度测定仪测定,结果应符合规定。

5)脆碎度实验

用脆碎度检测仪测定,结果应符合规定。

6)溶出度实验

以 24 mL 稀盐酸加水至 1 000 mL 为溶剂,注入各操作容器中,加温使溶剂温度保持在(37±0.5)℃,调节转速为 100 r/min。取 6 片对乙酰氨基酚片,分别投入 6 个转篮中,将转篮降入容器中,立即开始计时,30 min 后取 5 mL 溶液,过滤,量取 1 mL 续滤液,加 0.04% 的氢氧化钠溶液稀释至 50 mL,摇匀。采用分光光度法在 257 nm 的波长处测定吸光度,按 $C_8H_9NO_2$ 的吸收系数 $E_{1cm}^{1\%}$ 为 715 计算出每片的溶出量。限度为不少于标示量的 80%,应符合规定。溶出含量按下式进行计算。

$$溶出含量（\%）=\frac{溶出量}{标示量}\times100\%$$

## 五、注意事项

（1）制软材时要特别注意每次加入少量黏合剂,混合均匀。

（2）少量聚山梨酯-80 可明显改善对乙酰氨基酚的疏水性,加入过量会影响片剂的硬度和外观。

（3）为了减少用水量,淀粉浆的浓度可以提高至 14%~17%。

（4）溶出度测定仪应预先检查运转是否正常,并检查温度、转速等是否精确,升降转篮是否灵活。

（5）溶出杯内介质的温度是通过外面的水箱控制的。水箱内应加入蒸馏水,不宜用自来水,以免长期使用腐蚀温控零件。最好用仪器本身的加热器升温,若直接注入热水应注意温度不宜过高,以免使水槽部件变形。

（6）转篮的位置高低对溶出度测定有一定的影响,应按规定的高度安装,转篮底部距溶出杯底 25 mm。

（7）对乙酰氨基酚原料多为大型结晶单斜晶系,必须事先粉碎,否则极易裂片。

## 六、思考题

（1）分析处方中各辅料的作用，并说明如何正确使用。

（2）湿法制粒的方法有哪些？各有什么特点？

# 实验三　散剂与硬胶囊剂的制备

## 一、目的要求

（1）掌握粉碎、过筛、混合的基本操作。
（2）掌握散剂与硬胶囊剂的制备工艺过程。
（3）熟悉散剂与硬胶囊剂的质量检查方法。
（4）掌握硬胶囊剂的手工填充方法。

## 二、实验原理

散剂指一种或多种药物经粉碎、均匀混合制成的干燥粉末状制剂,分为内服散剂和外用散剂。内服散剂一般溶于或分散于水或其他液体中服用,亦可直接用水送服。外用散剂可供皮肤、口腔、咽喉等处使用。散剂的制备工艺流程一般如下。

不同的药物可采用不同的粉碎方法,且根据临床需要及药物性质的不同,粉末细度应有所区别。一般内服散剂应通过5~6号筛;用于治疗消化道溃疡病的散剂应通过7号筛;儿科和外用散剂应通过7号筛;眼用散剂应通过9号筛。

混合操作是制备散剂的关键。目前常用的混合方法有研磨混合法、搅拌混合法和过筛混合法。若药物比例相差悬殊,应采用等量递增法混合;若各组分的密度相差悬殊,应先将密度小的组分加入研磨器内,再加入密度大的组分进行混合;若组分的色泽相差悬殊,一般先将色深的组分放入研磨器中,再加入色浅的组分进行混合。

若处方中含毒性成分,应添加一定比例的赋形剂制成稀释散(亦称倍散),或测定毒性成分的含量后再配制散剂。若含低共熔成分,一般先使之共熔,再用其他成分吸收混合制成散剂。

硬胶囊剂指药物加适宜的辅料盛装于硬质空胶囊中制成的固体制剂。空胶囊以明胶为主原料制成。硬胶囊剂的特点是外观整洁、美观,容易吞服,可掩盖药物的不良气味、减小药物的刺激性。

硬胶囊剂的制备工艺流程为:空心胶囊的准备→药物的处理→药物的填充→胶囊的封口→除粉和磨光→质检→包装。

药物的填充形式包括粉末、颗粒、微丸等,填充方法有手工填充和机械灌装两种。制备硬胶囊剂的关键在于药物的填充,填充物可以是纯药物,也可根据药物的性质及制备工艺要求加入适当的辅料,以改善药物的稳定性、溶出速率、流动性等。填充过程要保证药物剂量均匀,装量差异符合要求。

本实验采用湿法制粒,用胶囊板手工填充,将药物颗粒装入胶囊中即得。

## 三、仪器与材料

### 1. 仪器

烧杯、尼龙筛、胶囊板、干燥箱、电子天平、崩解仪、研钵、电热套。

### 2. 材料

乙酰水杨酸、非那西汀、咖啡因、麝香草酚、薄荷脑、薄荷油、樟脑、水杨酸、升华硫、硼酸、氧化锌、淀粉、滑石粉、双氯芬酸钠、淀粉浆、干淀粉。

## 四、实验方法与步骤

### 1. 散剂的制备

1)复方乙酰水杨酸散的制备

(1)处方。乙酰水杨酸 2.3 g、非那西汀 1.6 g、咖啡因 0.35 g。

(2)制备工艺。采用等量递增法混合,研匀,分成 10 包。

(3)注意事项:①乙酰水杨酸在潮湿的空气中会水解而带酸味,不能内服;②咖啡因与其他成分量相差悬殊,应采用等量递增法混合。

2)痱子粉的制备

(1)处方。麝香草酚 6 g、薄荷脑 6 g、薄荷油 6 mL、樟脑 6 g、水杨酸 14 g、升华硫 40 g、硼酸 85 g、氧化锌 60 g、淀粉 100 g,以上物料加滑石粉至 1 000 g。

(2)制备工艺。取麝香草酚、薄荷脑、樟脑研磨形成低共熔物,与薄荷油混匀;另将水杨酸、硼酸、氧化锌、升华硫及淀粉分别研细混合,用混合细粉吸收共熔物;最后采用等量递增法加入滑石粉至 1 000 g,研匀过 7 号筛(120 目)即得产品。

(3)注意事项。

① 滑石粉、氧化锌等使用前在 150 ℃下干热灭菌 1 h,淀粉在 105 ℃下烘干备用。

②处方中的麝香草酚、薄荷脑、樟脑为共熔组分,研磨混合时会产生液化现象,需先以少量滑石粉吸收,再与其他组分混匀。

③处方中的樟脑、薄荷脑具有清凉止痒作用;氧化锌有收敛作用;硼酸具有轻微的消毒防腐作用;水杨酸、升华硫、麝香草酚可增强止痒、消毒作用,滑石粉可吸收皮肤表面的水分及油脂,故用于治疗痱子、汗疹等。本品为白色极细粉,具有清凉的气味。

3)散剂的质量检查

(1)外观检查。取适量供试品,置于光滑的纸上,平铺,将其表面压平,在亮处观察,应呈现均匀的色泽,无花纹与色斑。

(2)装量差异检查。取 10 包(瓶)供试品,除去包装,分别称定每包(瓶)内容物的质量,与标示装量相比均应符合规定,超出装量差异限度的散剂不得多于 2 包(瓶),且不得有 1 包(瓶)超出装量差异限度 1 倍,具体要求见表 5-2。装量差异按下式计算。

$$装量差异 = \frac{每包(瓶)装量 - 标示装量}{标示装量} \times 100\%$$

表 5-2　散剂装量差异限度

| 标示装量 | 装量差异限度 |
| --- | --- |
| 0.10 g 以下 | ±15% |
| 0.10~0.30 g | ±10% |
| 0.30~1.50 g | ±7.5% |
| 1.50~6.0 g | ±5% |
| 6.0 g 以上 | ±5% |

### 2. 硬胶囊剂的制备

1)处方

双氯芬酸钠 1.9 g、17% 的淀粉浆 8.2 g、干淀粉 15.0 g。

2)制备工艺

将主药双氯芬酸钠研磨,过 80 目筛,与淀粉混匀,以 17% 的淀粉浆制软材;将软材过 20 目筛制湿颗粒;将湿颗粒于 60~70 ℃下烘干,干颗粒用 20 目筛整粒,即得产品。

采用由有机玻璃制成的胶囊板填充。板分为上下两层,上层有数百个孔洞。先将囊帽、囊身分开,分别插入胶囊板对应的孔洞中,然后调节囊身与胶囊板的距离,使胶囊口与板面相平。将颗粒铺于板面,轻轻振动胶囊板,使颗粒填充均匀。填满每个胶囊后,将板面上多余的颗粒扫除,套合囊帽,取出胶囊,即得产品。

3)质量检查

(1)外观检查。产品应表面光滑、整洁,不得粘连、变形和破裂,无异味。

(2)装量差异检查。取 20 粒(中药取 10 粒)供试品,分别称定质量后,倾出内容物(不能损失囊壳),将硬胶囊壳用小刷或其他适宜的用具(如棉签)拭净,再分别称定囊壳的质量,求得每粒装量与平均装量。每粒装量与平均装量相比较(有标示装量的胶囊剂,每粒装量应与标示装量比较),超出装量差异限度的胶囊不得多于 2 粒,并不得有 1 粒超出装量差异限度 1 倍,具体要求见表 5-3。

表 5-3　胶囊剂装量差异限度

| 平均装量 | 装量差异限度 |
| --- | --- |
| 0.30 g 以下 | ±10% |
| 0.30 g 及以上 | ±7.5%(中药 ±10%) |

（3）崩解时限检查。崩解指固体制剂在检查时限内全部崩解溶散或成碎粒,除不溶性包衣材料或破碎的胶囊壳外,应全部通过筛网。凡规定检查溶出度、释放度或融变时限的制剂,不再进行崩解时限检查。《中华人民共和国药典》2015 版通则 0921 崩解时限检查法规定,硬胶囊剂的崩解时限应在 30 min 内。

将吊篮通过上端的不锈钢轴悬挂于金属支架上,浸入 1 000 mL 的烧杯中,调节吊篮的位置使其下降时筛网距烧杯底部 25 mm,烧杯内盛有温度为（37±1）℃的水,调节水位使吊篮上升时筛网在水面下 15 mm 处。

除另有规定外,取 6 粒供试品,按照片剂崩解时限项下方法检查,各粒均应在 30 min 以内全部崩解并通过筛网（囊壳碎片除外）,如有 1 粒不能全部通过,应另取 6 粒复试,均应符合规定。

## 五、实验记录及分析

散剂装量差异检查结果记录于表 5-4 中。

表 5-4　散剂装量差异检查结果表

| 品名　　　　　　　评价指标 | 外观 | 装量差异（是否合格） | 崩解时限（是否合格） |
| --- | --- | --- | --- |
| 复方乙酰水杨酸散 | | | |
| 痱子粉 | | | |
| 双氯芬酸钠胶囊剂 | | | |

## 六、思考题

（1）什么叫等量递增法？这种方法有什么优点？

（2）硬胶囊剂与片剂相比有何特点？

（3）硬胶囊剂有哪几类？它们有何不同？

# 实验四　口服液的制备

## 一、目的要求

（1）掌握口服液的制备工艺。

（2）熟悉浸出剂型的制备工艺。

## 二、实验原理

中药合剂是用水或其他溶剂采用适宜的方法提取、纯化、浓缩制成的内服液体制剂（单剂量灌装品也可称口服液）。中药合剂是在汤剂的基础上改进和发展起来的一种新剂型。它既是汤剂的浓缩品，又按药材成分的性质综合运用了多种浸出方法，故能综合浸出药材中的多种有效成分，具有疗效可靠、安全的特点。中药合剂的制法与汤剂基本类似，所不同的是药材煎煮、过滤后需要净化、浓缩，并添加相关的附加剂。中药合剂可以成批生产，其制备工艺流程分为浸出、净化、浓缩、分装、灭菌等。

## 三、仪器与材料

### 1. 仪器

抽滤装置、电热套、蒸馏瓶、轧盖机。

### 2. 材料

党参、麦冬、五味子、乙醇、单糖浆、山梨酸钾、蒸馏水等。

## 四、实验方法与步骤

### 1. 处方

党参 30 g、麦冬 20 g、五味子 10 g、乙醇（95%）60 mL、单糖浆 30 mL、山梨酸钾 0.1 g、加蒸馏水至 100 mL。

### 2. 制备工艺

（1）将党参、麦冬、五味子三味药加 150 mL 蒸馏水，于 500 mL 的烧杯中煎煮 20 min。

（2）倾倒出煎液至另一烧杯中，药渣加 100 mL 蒸馏水，再煎煮 20 min。

（3）合并煎液，过滤，滤液于烧杯中加热浓缩至 30 mL。

（4）浓缩液转入 100 mL 的三角瓶中，加体积分数为 95% 的乙醇 60 mL，置于 0~10 ℃的冰箱中 30 min。

（5）过滤，滤液用球形管装置回收乙醇，减压浓缩至呈稠膏状（大约剩余 30 mL）。

（6）加 30 mL 单糖浆与山梨酸钾，再加水至 100 mL 搅匀。

（7）灌装，盖胶塞，轧盖，100 ℃常压流通蒸汽灭菌 15 min（可于烧杯中放适量水煮 15 min）。

（8）经质量检查合格,贴签即得。

## 五、实验记录及分析

观察并记录产品的色泽、澄明度、pH 值,记录于表 5-5 中。

表 5-5  口服液实验结果记录

| 制剂 | 色泽 | 澄明度 | pH 值 |
|---|---|---|---|
| 参脉饮口服液 | | | |

## 六、思考题

（1）在制备口服液的过程中应注意哪些问题?

（2）口服液与中药合剂有什么区别?

（3）常用于中药合剂的附加剂有哪些类型? 它们各有什么作用?

（4）100 ℃常压流通蒸汽灭菌 15 min 与 100 ℃水煮 15 min 灭菌,哪种灭菌方法效果更好?

# 实验五 软膏剂的制备

## 一、目的要求

（1）了解制备软膏剂基质的注意事项。

（2）熟悉常用的软膏剂基质的主要性质。

（3）掌握不同类型基质软膏剂的制备方法。

（4）掌握软膏剂中药物的加入方法。

（5）掌握软膏剂的质量评定方法。

## 二、实验原理

软膏剂（ointments）是药物与适宜的基质均匀混合制成的具有适当稠度的半固体外用制剂，具有抗感染、消毒、止痒、麻醉等局部治疗作用，也可以通过皮肤吸收进入人体循环，产生全身治疗作用，广泛应用于皮肤科和外科的一些疾病的治疗中。

软膏剂由药物、基质和附加剂组成，其中基质占绝大部分，是软膏剂形成和发挥药效的重要组成部分，对软膏剂的质量、药物的释放与疗效均有影响。常用的基质可分为油脂性基质（俗称油膏）、乳剂型基质（俗称乳膏）和水溶性基质（俗称水膏）。理想的基质应该具有如下特点。

（1）润滑、无刺激性，无生理活性，稠度适宜，易于涂布。

（2）性质稳定，不与主药和附加剂发生配伍变化，长期储存不变质。

（3）具有吸水性，能吸收伤口分泌物。

（4）不妨碍皮肤的正常功能。

（5）易洗除，不污染衣服。

（6）具有良好的释药性能。

目前，还没有一种基质能同时满足上述要求。在实际工作中，应根据治疗目的与药物的性质混合使用各种基质，调制成理想的软膏剂基质。

### 1. 油脂性基质

油脂性基质指以动植物油脂、类脂、烃类及硅酮类等疏水性物质为基质。此类基质涂于皮肤上能形成封闭性油膜，促进皮肤水合作用，对表皮增厚、角化、皲裂有软化作用，但释药性能差，故很少应用。其主要用于遇水不稳定的药物制备软膏剂，一般不单独用于制备软膏剂，为克服疏水性常加入表面活性剂以增加吸水量，或制成乳剂型基质应用。油脂性基质中以烃类基质凡士林最常用，以固体石蜡与液体石蜡调节稠度，类脂中以羊毛脂与蜂蜡应用较多，羊毛脂可增强基质的吸水性及稳定性。

### 2. 乳剂型基质

乳剂型基质是含固体的油相加热熔化后与水相借乳化剂的作用在一定温度下混合

乳化,最后在室温下形成半固体的基质。其形成的原理与乳剂相似,但常用的油相多数为固体,主要有硬脂酸、石蜡、蜂蜡、高级醇(如十八醇)等,有时为调节稠度而加入液状石蜡、凡士林或植物油等。

乳化剂有水包油(O/W)型与油包水(W/O)型两类。乳化剂对形成的乳剂型基质的类型起主要作用。表面活性剂分子中的亲水、亲油基团对水、油的综合亲和力称为亲水亲油(HLB)值。表面活性剂的 HLB 值与其应用有密切关系,HLB 值为 3~6 的表面活性剂适合用作 W/O 型乳化剂,HLB 值为 8~18 的表面活性剂适合用作 O/W 型乳化剂。在决定乳剂型基质的类型时,应考虑处方中水相和油相的用量。

O/W 型基质外相含大量水,在贮存过程中可能霉变,常需加入防腐剂;同时其水分易蒸发而使软膏变硬,故常需加入甘油、丙二醇、山梨醇等作保湿剂,一般用量为 5%~20%。遇水不稳定的药物,如金霉素、四环素等不宜用乳剂型基质制备软膏。乳剂型基质常用的乳化剂有皂类、脂肪醇硫酸(酯)钠类、高级脂肪醇及多元醇酯类、聚氧乙烯醚的衍生物类。

### 3. 水溶性基质

水溶性基质由天然或合成的水溶性高分子物质组成。其溶解后形成水凝胶,如 CMC-Na,属凝胶基质。目前常见的水溶性基质主要是合成的 PEG 类高分子物质,以不同的分子量配合而成。

软膏剂的制备可按照软膏剂基质的类型、制备量及设备条件选用研合法、融合法或乳化法。当软膏剂基质稠度适中,在常温下研磨即能与药物混合时,可以选用研合法;若基质在常温下不能均匀混合,则采用融合法;乳剂型基质需用乳化法制备。

药物分为可溶于基质的药物、不溶性药物、半黏稠性药物、共熔成分药物及中草药软膏剂等。可溶于基质的药物应溶解在基质或基质组分中;不溶性药物应粉碎成细粉,最细粉或极细粉(通过 5~9 号筛,即 80~200 目筛)与基质混匀;含共熔成分时,可先将其共熔,再与冷却至 40 ℃左右的基质混匀;中药的水提液可先浓缩至呈稠膏状,再与其余基质混匀。

软膏剂的质量评价从有效性、安全性与稳定性三方面进行。软膏剂应均匀、细腻、稠度适宜,易于涂布,对皮肤和黏膜无刺激性,无酸败、变色、变硬、油水分离等变质现象。

软膏剂的质量检查项目主要包括主药含量、性状、刺激性、稳定性、涂展性、药物释放性能的测定等。

软膏剂的稠度影响使用时的涂展性及药物扩散到皮肤的速度,常用锥入度计测定,即通过在一定温度下金属锥体自由落下插入试品的深度来衡量。

软膏剂的药物释放性能影响药物疗效的发挥,可通过测定软膏剂中的药物穿过无屏障性能的半透膜到达接受介质的速度来评定。软膏剂中的药物经半透膜的扩散遵循 Higuchi 公式,即累积释药量 $M$ 与时间 $t$ 的平方根成正比,$M=Kt^{1/2}$。药物的理化性质与基质的组成会影响 $K$ 值的大小。

本实验以吸光度 $A$ 代替浓度(累积释药量 $M$)计算扩散系数 $K$。因为溶液在 530 nm

处的吸光度与浓度存在正比关系,故以 $A$ 代替 $M$ 可简化标准曲线的绘制和计算。

## 三、仪器与材料

### 1. 仪器

天平、量筒、磁力搅拌器、电炉、乳钵、显微镜、蒸发皿、自动控温水浴装置、载玻片、试管、锥入度计。

### 2. 材料

硬脂酸、双硬脂酸铝、蓖麻油、氢氧化钙、液体石蜡、羟苯乙酯、三乙醇胺、石蜡、甘油、液体石蜡(重质)、单硬脂酸甘油酯、司盘 80、蜂蜡、OP 乳化剂、地蜡、氯甲酚、白凡士林 、蒸馏水、亚甲蓝水溶液、苏丹红油溶液 。

## 四、实验方法与步骤

### 1. 基质的制备

1)含有机铵皂的乳剂型基质的制备

(1)处方。

硬脂酸 1.0 g、蓖麻油 1.0 g、液体石蜡 1.0 g、三乙醇胺 0.08 g、甘油 0.4 g、蒸馏水 4.5 g。

(2)制备工艺。

①将硬脂酸、蓖麻油、液体石蜡置于蒸发皿中,在水浴中加热至 75~80 ℃,搅拌使其熔化。

②将三乙醇胺、甘油与水混匀,加热至相同的温度。

③在等温下将水相缓缓加入油相中,并于水浴中边加边不断顺时针搅拌,直至物料呈乳白色半固体,取出,再在室温下不断搅拌至接近冷凝,即得。

2)含多价钙皂的乳剂型基质的制备

(1)处方。

硬脂酸 0.313 g、单硬脂酸甘油酯 0.43 g、蜂蜡 0.13 g、地蜡 1.88 g、液体石蜡 10.3 g、白凡士林 1.68 g、双硬脂酸铝 0.25 g、氢氧化钙 0.025 g、羟苯乙酯 0.025 g、蒸馏水 10.0 g。

(2)制备工艺。

①将硬脂酸、单硬脂酸甘油酯、蜂蜡、地蜡置于蒸发皿中,于水浴中加热熔化,再加入液体石蜡、白凡士林、双硬脂酸铝,加热至 80 ℃左右。

②将氢氧化钙、羟苯乙酯溶于蒸馏水中,加热至 80 ℃左右溶解。

③将水相慢慢加入上述相同温度的油相中,边加边不断顺时针搅拌几分钟,自水浴中将物料取出后在室温下继续搅拌至呈乳白色半固体,即得。

3）W/O 乳剂型基质的制备

（1）处方。

| 组　分 | 用　量 | HLB 值 |
|---|---|---|
| 单硬脂酸甘油酯 | 1.0 g | 3.8 |
| 石蜡 | 1.0 g | 4.0 |
| 液体石蜡（重质） | 5.0 g | 4.0 |
| 白凡士林 | 0.5 g | 5.0 |
| 司盘 80 | 0.03 g | 4.3 |
| OP 乳化剂 | 0.05 g | 15.0 |
| 氯甲酚 | 0.01 g | |
| 蒸馏水 | 2.5 g | |

（2）制备工艺。

①将单硬脂酸甘油酯、石蜡置于蒸发皿中，在水浴中加热熔化，再加入白凡士林、液体石蜡、司盘 80，加热完全熔化后保持温度为 80 ℃。

②将 OP 乳化剂和氯甲酚水溶液加热至同温度。

③将水相慢慢加入油相中，边加边不断顺时针搅拌，至物料呈乳白色半固体，即得。

**2. 水杨酸软膏的制备**

1）处方

水杨酸 0.5 g、不同的基质 5.0 g。

2）制备工艺

（1）含有机铵皂的乳剂型水杨酸软膏的制备。称取 0.5 g 水杨酸细粉（将水杨酸过 100 目筛即得）置于乳钵中，采用等量递增法分次加入 5.0 g 含有机铵皂的乳剂型基质，研磨均匀，即得。

（2）含多价钙皂的乳剂型水杨酸软膏的制备。称取 0.5 g 水杨酸细粉（将水杨酸过 100 目筛即得）置于乳钵中，采用等量递增法分次加入 5.0 g 含多价钙皂的乳剂型基质，研磨均匀，即得。

（3）W/O 乳剂型水杨酸软膏的制备。称取 0.5 g 水杨酸细粉（将水杨酸过 100 目筛即得）置于乳钵中，采用等量递增法分次加入 5.0 g W/O 乳剂型基质，研磨均匀，即得。

# 五、注意事项

（1）制备水杨酸乳膏剂，乳化时宜沿同一方向搅拌物料至冷，搅拌速度不宜过快或过慢，以免乳化不完全或因混入大量空气而使成品失去细腻性和光泽，甚至变质。

（2）水杨酸遇金属会变色，在配制过程中应尽量避免其接触金属器皿。

（3）水相与油相的混合温度一般应控制在 80 ℃以下，且两者温度应基本相同，以免影响乳膏的细腻性。

（4）测定软膏剂的稠度时，不要将锥尖放到容器边缘或已经做过实验的部位，以免影响实验的准确性。

# 六、质量评定方法

### 1. 乳剂型基质类型的鉴别

乳剂型基质类型的鉴别方法有染色法和显微镜观察法等。鉴别后将实验结果记录于表 5-6 中。

（1）加 1 滴苏丹红油溶液，置于显微镜下观察，若连续相呈红色，则为 W/O 乳剂型基质。

（2）加 1 滴亚甲蓝水溶液，置于显微镜下观察，若连续相呈蓝色，则为 O/W 乳剂型基质。

### 2. 稳定性实验

（1）将制成的软膏均匀装入密闭容器中，编号后分别置于烘箱 [（39±1）℃] 中、室温 [（25±3）℃] 下和冰箱 [（5±2）℃] 中一定时间，检查其稠度、失水量、pH 值、色泽、均匀性以及霉败等现象。

（2）将制备得到的水杨酸软膏剂涂布在自己的皮肤上，评价其是否均匀、细腻，记录皮肤的感觉；比较几种基质的黏稠性与涂布性。

### 3. 软膏剂药物释放度的测定

（1）取制备的三种水杨酸软膏剂，分别装填于 3 支内径为 2 cm 的玻璃管内，装填量约为 2 cm 高，管口用 0.45 μm 的微孔滤膜包扎，使管口的微孔滤膜无褶皱且与软膏紧贴，无气泡。

（2）将上述玻璃管封贴的微孔滤膜向下置于装有 100 mL 37 ℃的蒸馏水的大烧杯中 [大烧杯置于（37±1）℃的恒温水浴中]，管口置于水面以下大约 1 mm，分别于 5、10、20、30、45、60 min 时取样，每次取出 5 mL（每次取样前应搅拌均匀），并补加 5 mL 蒸馏水。

（3）将取出的 5 mL 样品分别置于试管中，加入 1 mL 硫酸铁铵显色液，混匀，以 5 mL 蒸馏水加 1 mL 显色液作空白，在 530 nm 处测定吸光度 $A$。将实验结果记录于表 5-7 中，求 45 min 时的累积吸光度。

硫酸铁铵显色液的配制方法：称取 8 g 硫酸铁铵溶于 100 mL 纯化水中，取 2 mL 加 1 mol/L 的 HCl 溶液 1 mL，加纯化水至 100 mL。显色液应现用现配。

## 七、实验记录及分析

### 1. 乳剂型基质类型的鉴别

表 5-6　乳剂型基质类型的鉴别结果

| | O/W 乳剂型基质 | | W/O 乳剂型基质 | |
| --- | --- | --- | --- | --- |
| | 内相 | 外相 | 内相 | 外相 |
| 苏丹红油溶液 | | | | |
| 亚甲蓝水溶液 | | | | |

### 2. 软膏剂药物释放度的测定

（1）实验结果记录于表 5-7 中。

表 5-7　软膏剂药物释放度的测定数据

| 吸光度　　时间 $t$/min | 含有机铵皂的乳剂型基质 | | 含多价钙皂的乳剂型基质 | | W/O 乳剂型基质 | |
| --- | --- | --- | --- | --- | --- | --- |
| | $A_i$（吸光度） | $A$（累积吸光度） | $A_i$（吸光度） | $A$（累积吸光度） | $A_i$（吸光度） | $A$（累积吸光度） |
| 5 min | | | | | | |
| 10 min | | | | | | |
| 20 min | | | | | | |
| 30 min | | | | | | |
| 45 min | | | | | | |
| 60 min | | | | | | |

累积吸光度 $A$ 可按下式计算：

$$A = A_i + 5/(V\Sigma A_{i-1})$$

式中：$A$ 为累积吸光度；$A_i$ 为各取样时间测得的吸光度；$V$ 为接收液的体积，mL。

（2）作图：以 $A$ 对 $t$ 作图，得到不同基质的水杨酸软膏剂的释放曲线。

## 八、思考题

（1）在 O/W 乳剂型基质的处方中，乳化剂是什么？

（2）含一价新生皂的乳剂型基质的稳定性如何？

（3）含多价钙皂的乳剂型基质的乳化剂是什么？双硬脂酸铝能否用其他乳化剂代替？

（4）本实验中的 W/O 乳剂型基质中油相被乳化所需的 HLB 值为多少？混合乳化剂的 HLB 值为多少？该乳剂型基质是 O/W 型还是 W/O 型？为什么？

（5）在软膏剂的制备过程中,药物加入方法有哪些?

（6）软膏剂的质量应从哪几方面评价?

（7）对实验中的几种软膏剂基质进行处方分析。

# 实验六　固体分散体的制备及验证

## 一、目的要求

（1）熟悉共沉淀法及熔融法制备固体分散体的工艺。

（2）熟悉固体分散体的鉴定方法。

（3）掌握测定溶出度的方法及溶出速率曲线的绘制方法。

## 二、实验原理

固体分散体（solid dispersion）指药物以分子、胶态、微晶等状态均匀分散在某一固态载体物质中所形成的分散体系。将药物制成固体分散体所采用的制剂技术称为固体分散技术。将药物制成固体分散体具有如下作用：增大难溶性药物的溶解度和溶出速率；控制药物释放；利用载体的包蔽作用掩盖药物的不良气味，降低药物的刺激性；使液体药物固体化。

固体分散体所用的载体材料可分为水溶性载体材料、难溶性载体材料、肠溶性载体材料三大类。水溶性载体材料有聚乙二醇类（PEG）、聚维酮类（PVP）、表面活性剂类、有机酸类、糖类与醇类；难溶性载体材料有乙基纤维素类（EC）、聚丙烯酸树脂类（如Eudragit RL和RS）、脂质类（如硬脂酸钠、胆固醇、棕榈酸甘油酯、蜂蜡、蓖麻油蜡等）；肠溶性载体材料有纤维醋法酯（CAP）羟丙基甲基纤维素邻二甲酸酯（HPMCP）、聚丙烯酸树脂类（如Eudragit L和S）、羟甲乙纤维素（CMEC）。

固体分散体的类型有固体溶液、简单低共熔混合物、共沉淀物（也称共蒸发物）等。

常用的固体分散技术有溶剂法、熔融法、溶剂–熔融法、研磨法、液相中溶剂扩散法、双螺旋挤压法等。

药物与载体是否形成了固体分散体，一般用红外光谱法、热分析法、粉末X射线衍射法、溶解度及溶出度测定法、核磁共振谱法等方法验证。本实验通过测定溶出度进行验证。

## 三、仪器与材料

### 1. 仪器

天平、恒温水浴、蒸发皿、研钵、80目筛、玻璃板（或不锈钢板）、紫外分光光度计、容量瓶、溶出度测定仪、5 mL的注射器、0.8 μm的微孔滤膜、试管、吸管等。

### 2. 材料

布洛芬、布洛芬片（市售）、PVP-K30、无水乙醇、二氯甲烷、$Na_2HPO_4 \cdot 12H_2O$、$NaH_2PO_4 \cdot 2H_2O$等。

## 四、实验方法与步骤

### 1. 布洛芬－PVP 固体分散体( 共沉淀物 )的制备

1)处方

布洛芬 0.5 g、PVP-K30 2.5 g。

2)具体操作

（1）布洛芬－PVP 共沉淀物的制备。取 2.5 g PVP-K30 置于蒸发皿内,加 10 mL 无水乙醇、二氯甲烷( 1∶1 )混合溶剂,在 50~60 ℃的水浴中加热溶解,再加入 0.5 g 布洛芬,搅匀使其溶解,在搅拌下蒸去溶剂,取下蒸发皿置于干燥器内干燥,物料用研钵研碎,过80 目筛,即得。

（2）布洛芬－PVP 物理混合物的制备。按共沉淀物中布洛芬和 PVP 的比例称取适量布洛芬和 PVP,混匀,即得。

### 2. 布洛芬－PVP 共沉淀物溶出速率的测定

（1）溶出介质( pH 值为 6.8 的磷酸盐缓冲液 )的配制。称取 11.9 g $Na_2HPO_4 \cdot 12H_2O$,加蒸馏水定容至 500 mL,再称取 5.2 g $NaH_2PO_4 \cdot 2H_2O$,加蒸馏水定容至 500 mL,两液混合即得。

（2）标准曲线的绘制。称取约 20 mg 干燥至恒重的布洛芬置于 100 mL 的容量瓶中,加无水乙醇溶解,定容,摇匀。吸取 0.1、0.2、0.3、0.4、0.5、0.6 mL 溶液,分别置于 10 mL 的容量瓶中,加溶出介质定容,以溶出介质为空白,在 222 nm 波长处测定吸光度,以吸光度对浓度回归,得标准曲线的回归方程。

（3）实验样品的制备。布洛芬片、布洛芬共沉淀物及物理混合物( 均含布洛芬200 mg )按上述方法制备。

（4）溶出速率的测定。按照溶出度测定方法(《中华人民共和国药典》2015 版通则0521 溶出度与释放度测定方法第二法 ),调节溶出度测定仪的水浴温度为( 37 ± 0.5 )℃,恒温。准确量取 900 mL 溶出介质,倒入测定仪的溶出杯中,预热并保持温度为( 37 ± 0.5 )℃。用烧杯盛装 200 mL 溶出介质于恒温水浴中保温,作补充介质用。调节搅拌桨转速为 100 r/min。取实验样品,分别置于溶出杯内,立即开始计时。分别于 1、3、5、10、15、20、30 min 时用注射器取 5 mL 样品,同时补加 5 mL 溶出介质,用 0.8 μm 的微孔滤膜过滤,弃去初滤液,取 1 mL 续滤液置于 25 mL 的容量瓶中,加溶出介质定容,摇匀,以溶出介质为空白,在 222 nm 波长处测定吸光度,按标准曲线的回归方程计算不同时间各样品的累积溶出量,并对时间作图,绘制溶出曲线。

## 五、注意事项

（1）制备布洛芬－PVP 共沉淀物时,溶剂的蒸发速度是影响共沉淀物的均匀性的重要因素,在搅拌下快速蒸发时均匀性好。

（2）蒸去溶剂后将物料倾至不锈钢板或玻璃板上,其迅速冷凝固化,有利于提高共沉淀物的溶出速率。

（3）测定溶出速率取样时，应注意取样器伸入液体的位置。样品用微孔滤膜过滤应尽可能快，最好在 30 s 内完成。

（4）测定累积溶出百分量时按布洛芬的实际投入量计算，同时应进行校正。

## 六、实验记录及分析

（1）写出标准曲线的回归方程和相关系数。

（2）将实验样品溶出速率测定的稀释倍数及吸光度 $A$ 填于表 5-8 中。

表 5-8　布洛芬实验样品的溶出速率测定记录

| 样品 | 取样时间 /min | 稀释倍数 | $A$ | $C$ | $C'$ | 累积溶出百分数 /% |
|---|---|---|---|---|---|---|
| 布洛芬片 | 1 | | | | | |
| | 3 | | | | | |
| | 5 | | | | | |
| | 10 | | | | | |
| | 15 | | | | | |
| | 20 | | | | | |
| | 30 | | | | | |
| 布洛芬-PVP 共沉淀物 | 1 | | | | | |
| | 3 | | | | | |
| | 5 | | | | | |
| | 10 | | | | | |
| | 15 | | | | | |
| | 20 | | | | | |
| | 30 | | | | | |
| 布洛芬-PVP 物理混合物 | 1 | | | | | |
| | 3 | | | | | |
| | 5 | | | | | |
| | 10 | | | | | |
| | 15 | | | | | |
| | 20 | | | | | |
| | 30 | | | | | |

浓度校正：

$$c'_n = c_n + (V_0/V)\sum_{i=1}^{n-1} c_i$$

式中：$c_n'$ 为校正浓度；$V_0$ 为每次取样体积；$c_n$ 为实测浓度；$V$ 为介质总体积，$c_i$ 为不同取样时间时样品中布洛芬的浓度。

$$累积溶出量 = \frac{c'(\mu g/mL) \times 稀释倍数 \times 10^{-3}}{样品中布洛芬的量(mg)}$$

（3）绘制累积溶出量曲线。以布洛芬的累积溶出量（%）为纵坐标，以取样时间为横坐标，绘制实验样品的累积溶出曲线，讨论并说明固体分散体是否形成。

## 七、思考题

（1）对溶出曲线进行解释。

（2）固体分散体除可以采用溶剂法制备外，还可以采用什么方法？各种方法有什么优缺点？

（3）固体分散体在药剂学中的应用有何特点？存在什么问题？

（4）本实验还有哪些方面需要改进？你是否可以设计其他的相关实验？

（5）采用溶剂法制备固体分散体时，载体材料是否需要预先进行筛分处理？

# 第六部分　药物分析实验

## 实验一　紫外吸收光谱实验

### 一、目的要求

（1）熟悉紫外分光光度计的操作。

（2）了解紫外吸收光谱法在药品鉴别中的应用。

（3）掌握用紫外分光光度法测定药物含量的原理和方法。

（4）掌握维生素 AD 滴剂中维生素 A 含量测定的基本原理。

### 二、实验原理

紫外吸收光谱主要是由于分子中价电子的能级跃迁而产生的吸收光谱。因此，紫外吸收光谱可反映分子中成键电子的状态。这种分子光谱信息可用于药物的鉴别、检查和含量鉴定。

紫外吸收光谱分析是通过测定被测物质在指定波长处或某波长范围内的光吸收度，对该物质进行定性分析和定量分析的方法。其中光吸收所遵循的规律是著名的朗伯－比尔定律。当单色光辐射穿过被测物质的溶液时，被该物质吸收的量与该物质的浓度和液层的厚度成正比：

$$A = \lg \frac{1}{T} = Ecl$$

式中：$A$ 为吸光度；$T$ 为透光度；$E$ 为吸收系数；$c$ 为被测物质的浓度；$l$ 为液层的厚度。在《中华人民共和国药典》中，吸收系数为 $E_{1\,cm}^{1\%}$，其物理意义为溶液浓度为 1%（g/mL）、液层厚度为 1 cm 时的吸光度。

按照《中华人民共和国药典》2015 版通则 0721 维生素 A 测定法，采用紫外－可见分光光度法进行药物分析前，应进行仪器的校正和检定、吸光度准确度的检定、杂散光的检查、溶剂吸光度的检查、供试品吸收峰的核对等。

维生素 A 在 325~328 nm 的波长范围内具有最大吸收，可用于含量测定。但维生素 A 原料中常混有杂质，包括其多种异构体、氧化降解产物、合成中间体、副产物等有关物质，且维生素 A 制剂中常含稀释用油。这些杂质在紫外区也有吸收，为了消除它们的无关吸收所产生的误差，采用"三点校正法"测定，即在三个波长处测得吸光度后，在规定的条件下用校正公式校正,再进行计算。

本实验采用紫外－可见分光光度法测定维生素 A 在特定波长处的吸光度,以计算其含量,以单位表示,每单位相当于 0.344 μg 全反式维生素 A 醋酸酯或 0.300 μg 全反式维生素 A 醇。

## 三、仪器与材料

### 1. 仪器
紫外－可见分光光度计、石英吸收池、25 mL 的容量瓶( 5 个 )。

### 2. 材料
环己烷、乙醚、维生素 AD 滴剂、布洛芬、叶酸、乙酰嘧啶。

## 四、实验方法与步骤

### 1. 仪器的校正和检定
1 )测定波长

对所用的仪器,除应定期全面校正和检定外,还应于测定前校正测定波长。用仪器中氘灯的 486.02 nm 与 656.10 nm 谱线进行校正,或用汞灯的较强谱线 237.83、253.65、296.73、313.16、334.15、365.02、404.66、435.83、546.07 与 576.96 nm 进行校正。

2 )吸光度

用重铬酸钾的硫酸溶液进行检定。取约 60 g 在 120 ℃下干燥至恒重的基准重铬酸钾,用 0.005 mol/L 的硫酸溶液稀释至 1 000 mL,在规定的波长处测定并计算其吸收系数,并与规定的吸收系数比较,应符合表 6-1 中的规定。

表 6-1　吸收系数的规定值与许可范围

| 波长 /nm | 吸收系数( $E_{1\,cm}^{1\%}$ )的规定值 | 吸收系数( $E_{1\,cm}^{1\%}$ )的许可范围 |
|---|---|---|
| 235( 最小 ) | 124.5 | 123.0~126.0 |
| 257( 最大 ) | 144.0 | 142.8~146.2 |
| 313( 最小 ) | 48.6 | 47.0~50.3 |
| 350( 最大 ) | 106.6 | 105.5~108.5 |

3 )杂散光

按表 6-2 所列的试剂和浓度配制溶液,置于 1 cm 的石英吸收池中,在规定的波长处测定透光率,应符合表 6-2 中的规定。

表 6-2 杂散光的检查

| 试剂 | 浓度 /(g/mL) | 检测波长 /nm | 透光率 /% |
|---|---|---|---|
| 碘化钠 | 1.00 | 220 | <0.8 |
| 亚硝酸钠 | 5.00 | 340 | <0.8 |

4）吸光度

在测定供试品前,应检查所用的溶剂在供试品所用的波长附近是否符合要求。将本实验所用的溶剂 0.4% 的氢氧化钠溶液、0.1 mol/L 的盐酸溶液、盐酸溶液（9 → 1 000）分别置于 1 cm 的石英吸收池中,以空气为空白（即空白光路中不置任何物质）测定其吸光度。测得的吸光度应符合《中华人民共和国药典》的要求。

《中华人民共和国药典》要求:溶剂和吸收池的吸光度,在 220~240 nm 不得超过 0.40,在 241~250 nm 不得超过 0.20,在 251~300 nm 不得超过 0.10,在 300 nm 以上不得超过 0.05。

**2. 药品鉴别实验**

1）布洛芬片剂的鉴别

取适量本品的细粉,加 0.4% 的氢氧化钠溶液,制成 1 mL 中含 0.25 mg 布洛芬的溶液,过滤;取续滤液,采用紫外 - 可见分光光度法测定,在 265 nm 与 273 nm 波长处有最大吸收,在 245 nm 与 271 nm 波长处有最小吸收,在 259 nm 波长处有一个肩峰。

本品为糖衣或薄膜衣片,除去包衣后显白色。

2）叶酸片剂的鉴别

取适量本品的细粉（约相当于 0.4 mg 叶酸）,加 20 mL 0.4% 的氢氧化钠溶液,振摇使叶酸溶解,过滤;取 10 mL 滤液,加等量 0.4% 氢氧化钠溶液稀释,制成 1 mL 中约含 10 μg 叶酸的溶液;采用紫外 - 可见分光光度法测定,在 256 nm、283 nm 与（365 ± 4）nm 波长处有最大吸收,256 nm 与 365 nm 波长处的吸光度比值应为 2.8~3.0。

本品为黄色或橙黄色片。

3）乙胺嘧啶片剂的鉴别

取适量本品的细粉（约相当于 25 mg 乙胺嘧啶）,置于 100 mL 的容量瓶中,加 0.1 mol/L 的盐酸溶液稀释至刻度,摇匀,过滤;量取 5 mL 续滤液置于另一个 100 mL 的容量瓶中,加 0.1 mol/L 的盐酸溶液稀释至刻度,摇匀;采用紫外 - 可见分光光度法测定,在 272 nm 波长处有最大吸收,在 261 nm 波长处有最小吸收。

**3. 药品含量的测定**

取适量供试品,精确称定,转移至 25 mL 的容量瓶中,用环己烷稀释至刻度,使 1 mL 环己烷溶液中含 9~15 单位维生素 A;采用紫外 - 可见分光光度法测定其吸收峰的波长,并在下列波长处测定吸光度,计算各吸光度与 328 nm 波长处吸光度的比值和 328 nm 波长处的 $E_{1\,cm}^{1\%}$（或根据市售维生素 AD 滴剂的含量规定进行稀释配制）。

| 波长 /nm | 吸光度比值 |
|---|---|
| 300 | 0.555 |
| 316 | 0.907 |
| 328 | 1.000 |
| 340 | 0.811 |
| 360 | 0.299 |

如果最大吸收峰波长为 326~329 nm,且各吸光度比值不超过上述数值 ±0.02,可用下式计算含量:

$$含量 = \frac{A \times D \times 1\,900}{W \times 100 \times L \times 标示量} \times 100\%$$

式中:$D$ 为稀释倍数;$L$ 为吸收池厚度,1 cm;1 900 为换算因数;$W$ 为取样量,g。

如果最大吸收峰波长为 326~329 nm,且各吸光度比值超过上述数值 ±0.02,先按下式求出校正的吸光度,然后计算含量:

$$A_{328}(校正) = 3.52 \times (2A_{328} - A_{316} - A_{340})$$

如果校正的吸光度与未校正的吸光度相差不超过 ±3.0%,则不用校正吸光度,仍以未校正的吸光度计算含量。

如果校正的吸光度与未校正的吸光度相差 -15%~-3%,则以校正的吸光度计算含量。

如果校正的吸光度超过未校正的吸光度 -15%~-3%,或者最大吸收峰波长不在 326~329 nm,则供试品需按皂化法测定。

$$\frac{A_{校} - A_{测}}{A_{测}} \times 100\% = \begin{cases} -15\%~3\%,\ 以 A_{校} 计算 \\ -3\%~3\%,\ 以 A_{测} 计算 \\ 超出则皂化 \end{cases}$$

## 五、注意事项

(1)校正公式采用三点法,除其中一点在吸收峰波长处测得外,其他两点分别在吸收峰两侧的波长处测定。因此,仪器的波长若不准确,就会有较大的误差,故在测定前应校正波长。可用全反式维生素 A 进行测定,比较测得的结果和比值与标准品是否相符。

(2)维生素 A 遇光易氧化变质,故测定应在半暗室中尽快进行。

(3)维生素 A 分子中具有多烯共轭体系结构,在 325~328 nm 有选择性地吸收,可用分光光度法测定含量。维生素 AD 滴剂中以维生素 A 为主(维生素 A 的单位是维生素 D 的 10 倍),故《中华人民共和国药典》中规定控制维生素 A 的含量。

(4)本实验采用紫外分光光度法进行鉴别和含量测定,故应选择紫外－可见分光光度计中的氢灯为光源,采用石英吸收池。

(5)吸收池在测定前应用被测溶液冲洗 2~3 次,以保证溶液的浓度不变。

(6)石英吸收池的透光面应保持光洁,拿取吸收池时只能拿粗糙面,切不可拿透光面,在使用及放置过程中应防止透光面与硬物接触,以免磨损。洗涤时切不可用毛刷擦洗,一般以水冲洗,内壁沾污时,也可用绸布蘸酒精轻轻擦洗,必要时可先用重铬酸钾洗液浸泡,再用水洗净。吸收池外表需擦拭时,只能用擦镜纸或白绸布擦。实验结束后吸收池应用水冲洗干净,晾干。

## 六、思考题

（1）为提高紫外光谱法鉴别药物的专属性,常采取哪些措施?

（2）为什么要校正药品的吸光度?

（3）为什么采用紫外分光光度法测定药品的吸光度时,制备的溶液浓度为 1 mL 含 9~15 单位维生素 A?

# 实验二　维生素 $B_1$ 片的分析

## 一、目的要求

（1）掌握维生素 $B_1$ 的鉴别反应的原理和方法。

（2）掌握用紫外分光光度法测定药物含量的原理和方法。

## 二、实验原理

维生素 $B_1$ 又称硫胺，分子式为 $C_{12}H_{17}ClN_4OS$。它是人体必需的 13 种维生素之一，是一种水溶性维生素，属于 B 族维生素，为无色结晶体，溶于水，在酸性溶液中很稳定，在碱性溶液中不稳定，易被氧化和受热破坏。其结构式为

维生素 $B_1$ 是由氨基嘧啶环和噻唑环通过亚甲基连接而成的季铵类化合物，显碱性，可与酸成盐。

维生素 $B_1$ 在碱性溶液中可被铁氰化钾氧化生成具有荧光的硫色素，后者溶于正丁醇显蓝色荧光。硫色素反应为维生素 $B_1$ 的专属鉴别反应。

维生素 $B_1$ 中具有共轭双键，在紫外区有吸收，根据最大吸收波长处的吸光度即可计算其含量。将本品用盐酸溶液配成稀溶液，在维生素 $B_1$ 的最大吸收波长处测定吸光度，根据吸光度与浓度的关系，用紫外分光光度法中的吸收系数法计算含量。

## 三、仪器与材料

### 1. 仪器

紫外 - 可见分光光度计、石英吸收池、100 mL 的容量瓶（2 个）。

### 2. 材料

硝酸、硝酸银试液、碘化钾淀粉试纸、维生素 $B_1$ 片、铁氰化钾试液、正丁醇、盐酸、氢氧化钠试液、氨试液、硫酸、二氧化锰等。

## 四、实验方法与步骤

### 1. 鉴别

取适量维生素 $B_1$ 片的细粉，加水搅拌，过滤，将滤液蒸干。

（1）取约 5 mg 维生素 $B_1$ 片的残渣，加 2.5 mL 氢氧化钠试液溶解后，加 0.5 mL 铁氰化钾试液与 5 mL 正丁醇，强力振摇 2 min，放置使其分层，上面的醇层显强烈的蓝色荧

光;加酸使其呈酸性,荧光即消失;再加碱使其呈碱性,荧光又显现。

（2）取少许维生素 $B_1$ 片的残渣,加水溶解,加硝酸使其呈酸性后,加硝酸银试液,即生成白色凝乳状沉淀;分离,沉淀加氨试液即溶解,再加硝酸,沉淀复生成。

（3）取少许维生素 $B_1$ 片的残渣,置于试管中,加等量的二氧化锰,混匀,加硫酸润湿,缓缓加热,即产生氯气,其能使湿润的碘化钾淀粉试纸显蓝色。

### 2. 含量测定

取 20 片维生素 $B_1$ 片,精确称定,研细,精确称取适量（约相当于维生素 $B_1$ 25 mg）,置于 100 mL 的容量瓶中,加约 70 mL 盐酸溶液（9→1 000）,振摇 15 min 使维生素 $B_1$ 溶解,加盐酸溶液（9→1 000）稀释至刻度,摇匀,用干燥的滤纸过滤。量取 5 mL 续滤液,置于另一个 100 mL 的容量瓶中,再加盐酸溶液（9→1 000）稀释至刻度,摇匀。采用分光光度法在 246 nm 的波长处测定吸光度,按 $C_{12}H_{17}ClN_4OS \cdot HCl$ 的吸收系数 $E_{1\ cm}^{1\%}$ 为 421 计算,即得。

### 3. 含量计算

采用紫外分光光度法测定含量时,根据朗伯-比尔定律 $A=Ecl$,可得

$$c = \frac{A}{El} = \frac{A}{421l}$$

式中 $c$ 表示 100 mL 供试液中所含维生素 $B_1$ 的量（g）,故维生素 $B_1$ 片的含量占标示量的百分数可按下式求得:

$$标示量（\%）= \frac{\dfrac{A}{421l} \times \dfrac{1}{100} \times D \times 平均片重}{W \times 标示量} \times 100\%$$

式中:$A$ 为吸光度;$D$ 为稀释倍数;$W$ 为供试品的量,g。

本品中维生素 $B_1$（$C_{12}H_{17}ClN_4OS \cdot HCl$）的含量应为标示量的 90.0%~110.0%。

## 五、注意事项

（1）维生素 $B_1$ 的紫外吸收峰随溶液的 pH 值变化而不同, pH 值为 2.0（0.1 mol/L 的 HCl）时,最大吸收波长在 246 nm 处,吸收系数 $E_{1\ cm}^{1\%}$ 为 421。

（2）吸收系数法:按各品种项下的方法配制供试品溶液,在规定的波长处测定其吸光度,再以该品种在规定条件下的吸收系数计算供试品溶液的浓度。采用吸收系数法测定吸光度时,需对仪器进行严格的校正和检定,以保证测定的吸光度的准确性。

## 六、思考题

（1）简述维生素 $B_1$ 的鉴别反应的原理。

（2）简述吸收系数法测定药物含量的特点和一般方法。

# 实验三　　地塞米松磷酸钠中甲醇与丙酮的检查

## 一、目的要求

（1）掌握有机溶剂残留量检查的种类、目的和方法。

（2）掌握用气相色谱－氢火焰离子化检测器法（GC-FID）测定原料药中残留的有机溶剂的方法。

（3）熟悉气相色谱仪的工作原理和操作方法。

（4）熟悉有机溶剂残留量检查的一般操作要求。

## 二、实验原理

（1）本实验用以检查药物在生产过程中引入的有害有机溶剂的残留量，包括苯、氯仿、二氧六环、二氯甲烷、吡啶、甲苯及环氧乙烷。如生产过程涉及其他需要检查的有害有机溶剂，应在各品种项下另作规定。

本实验采用气相色谱法（《中华人民共和国药典》2015 版通则 0521）测定。

（2）色谱条件及系统适用性实验。以直径为 0.18~0.25 mm 的二乙烯苯－乙基乙烯苯型高分子多孔小球为固定相，柱温为 80~170 ℃，并符合下列要求。

①用待测物的色谱峰计算的理论塔板数应大于 1 000。

②以内标物测定时，内标物与待测物的色谱峰的分离度应大于 1.5。

③以内标物测定时，每个标准溶液进样 5 次，待测物与内标物峰面积之比的相对标准偏差不大于 5%；若以外标物测定，待测物峰面积的相对标准偏差不大于 10%。

（3）测定方法为溶液直接进样法。取标准溶液和供试品溶液，分别连续进样 3 次，每次 2 µL，测得相应的峰面积。以内标物测定时，计算待测物峰面积与内标物峰面积之比，供试品溶液峰面积比的平均值不得大于标准溶液峰面积比的平均值；以外标物测定时，由供试品溶液所得的待测物的平均峰面积不得大于由标准溶液所得的待测物的平均峰面积。

## 三、仪器与材料

### 1. 仪器

气相色谱仪、气相色谱柱、微量注射器。

### 2. 材料

甲醇、乙腈、三氯甲烷、丙酮、正丙醇、地塞米松磷酸钠原料药。

## 四、实验方法与步骤

### 1. 色谱条件

色谱柱:3%OV-17玻璃柱,长2 m,内径3 mm。

检测器:FID。柱温50 ℃,汽化室温度150 ℃,检测器温度200 ℃;载气N$_2$流速30 mL/min,空气40 mL/min,H$_2$40 mL/min;进样2 μL。

### 2. 溶液的制备与测定

量取10 μL甲醇(相当于7.9 mg)与100 μL丙酮(相当于79 mg),置于100 mL的容量瓶中,加20 mL 0.1%(体积分数)的正丙醇(内标物)溶液,加水稀释至刻度,摇匀,作为对照品溶液;另取本品约0.16 g,置于10 mL的容量瓶中,加入2 mL上述内标溶液,加水溶解并稀释至刻度,摇匀,作为供试品溶液。取上述溶液,采用气相色谱法(《中华人民共和国药典》2015版通则0521),用高分子多孔小球色谱柱(按正丙醇计算的理论塔板数应大于700)在150 ℃的柱温下测定。含丙酮不得超过5.0%(质量分数),并不得出现甲醇峰。

### 3. 含量计算

按下式计算定量校正因子 $f$ 和样品中丙酮的含量(质量分数)。

$$f = \frac{A_{正丙醇}}{A_{丙酮}} \times \frac{G_{丙酮}}{G_{正丙醇}}$$

$$样品中丙酮的含量(质量分数) = \frac{\dfrac{供试品中丙酮的峰面积}{供试品中正丙醇的峰面积} \times f \times G_{正丙醇}}{样品量/10}$$

式中:$A$ 为峰面积;$G$ 为含量,g/mL。

## 五、注意事项

(1)色谱柱的使用温度。各种固定相都有最高使用温度的限制,为延长色谱柱的使用寿命,在分离度达到要求的情况下应尽量选择低的柱温。开机时要先通载气,再升高汽化室、检测室和分析柱的温度,为使检测室的温度始终高于分析柱的温度,可先加热检测室,待检测室的温度升至接近设定温度时,再升高分析柱的温度;关机前需先降温,待柱温降至50 ℃以下时,才可停止通载气,最后关机。

(2)为获得较高的精密度和较好的色谱峰形状,进样要快,并且每次进样速度、留针时间应保持一致。

(3)检测器的使用。为避免被测物冷凝在检测器上而污染检测器,检测器的温度必须高于柱温30 ℃,并不得低于100 ℃。FID点火时应关小空气流量、开大H$_2$流量,待点燃后慢慢调整到工作比例,一般空气与H$_2$的流量比为10∶1,载气N$_2$与H$_2$的流量比为1∶1.5~1∶1。用峰高定量时,需保持载气流速恒定。

# 六、思考题

（1）用气相色谱法测定药物中有机溶剂残留量的方法有哪些？

（2）测定地塞米松磷酸钠中甲醇与丙酮的含量所用的内标物是什么？

# 实验四　甲硝唑片剂的质量分析

## 一、目的要求

（1）熟悉高效液相色谱仪（HPLC）的工作原理和操作方法。

（2）掌握《中华人民共和国药典》中有关物质的含量分析方法。

（3）掌握片剂质量分析的基本原则和方法。

（4）掌握 HPLC 外标法测定药物含量的计算方法。

## 二、实验原理

甲硝唑片剂中的有关物质采用高效液相色谱法测定。面积归一化法是按各品种项下的规定配制供试品溶液，取一定量注入仪器中，记录色谱图，测量各峰的面积和色谱图上除溶剂峰以外的色谱峰的总面积，计算各峰的面积占总峰面积的百分率。由于面积归一化法测定误差大，因此通常只能粗略考查供试品中杂质的含量，除另有规定外，一般不宜用于微量杂质的检查。

## 三、仪器与材料

### 1. 仪器

高效液相色谱仪、色谱柱、100 mL 的容量瓶、量筒、移液管、超声波发生器、微孔过滤器。

### 2. 材料

色谱用甲醇、甲硝唑片剂、甲硝唑标准品、蒸馏水。

## 四、实验方法与步骤

### 1. 溶液的制备与测定

有关物质按照《中华人民共和国药典》2015 版通则 0512 的要求测定。

色谱柱以十八烷基硅烷键合硅胶为填充剂，以甲醇、水（20∶80）为流动相。检测波长为 315 nm。理论板数按甲硝唑计算应不低于 2 000。取 20 片甲硝唑片剂，精确称定，研细，称取适量细粉（约相当于 0.1 g 甲硝唑）置于 100 mL 的量筒中，加适量流动相，充分振摇，再加流动相至刻度，摇匀，过滤，取续滤液作为供试品溶液；量取适量甲硝唑标准品，加流动相制成 1 mL 中含 10 μg 甲硝唑的溶液，作为对照品溶液。取 20 μL 对照品溶液注入液相色谱仪，调节检测灵敏度，使主成分色谱峰的主峰高为满量程的 10%，再取供试品溶液和对照品溶液各 20 μL，分别注入液相色谱仪，记录色谱图至主成分色谱峰保留时间的 2 倍，供试品溶液的色谱图中如有杂质峰，量取各杂质峰面积的和，不得大于对照品溶液主峰面积的 1/10。

### 2. 溶出度测定

取本品,采用溶出度测定法(《中华人民共和国药典》2015 版通则 0931),以盐酸溶液(9→1 000)为溶剂,转速为 100 r/min, 30 min 后取 10 mL 溶液,过滤,量取 3 mL 续滤液,置于容量瓶中,加盐酸溶液(9→1 000)稀释至刻度,摇匀。采用分光光度法(《中华人民共和国药典》2015 版通则 0401),在 277 nm 波长处测定吸光度,按 $C_6H_9N_3O_3$ 的吸收系数 $E_{1\ cm}^{1\%}$ 为 377 计算每片的溶出量,限度为标示量的 70%,结果应符合规定。

其他应符合片剂项下有关的各项规定(《中华人民共和国药典》2015 版通则 0101)。

### 3. 含量测定

1)色谱条件与系统适用性实验

色谱柱以十八烷基硅烷键合硅胶为填充剂;以甲醇、水(20∶80)为流动相,流速约为 1.0 mL/min;检测波长为 320 nm。理论板数按甲硝唑计算应不低于 2 000。

2)测定方法

取 20 片甲硝唑片剂,精确称定,研细,称取适量细粉(约相当于 0.25 g 甲硝唑),置于 50 mL 的容量瓶中,加适量 50% 的甲醇,振摇使甲硝唑溶解,用 50% 的甲醇稀释至刻度,摇匀,过滤;量取 5 mL 续滤液置于 100 mL 的容量瓶中,用流动相稀释至刻度,摇匀,量取 10 μL,注入液相色谱仪,记录色谱图;另取适量替硝唑对照品,精确称定,加流动相溶解并稀释成 1 mL 中含 0.25 mg 替硝唑的溶液。采用外标法以峰面积计算含量。

3)含量计算

根据

$$c_x = c_r \times \frac{A_x}{A_r}$$

得

$$甲硝唑片剂标示量 = \frac{c_x \times D \times \overline{W}}{W \times B} \times 100\%$$

式中:$c_x$ 为供试品的浓度;$c_r$ 为对照品的浓度;$A_x$ 为供试品的峰面积;$A_r$ 为对照品的峰面积;$D$ 为稀释倍数,本实验为 1 000 倍;$\overline{W}$ 为平均片重;$B$ 为甲硝唑片的标示量。《中华人民共和国药典》规定,甲硝唑片剂含甲硝唑($C_6H_9N_3O_3$)应为标示量的 93.0%~109.0%。

## 五、注意事项

(1)HPLC 的流动相应选择色谱纯试剂、高纯水或双蒸水。

(2)在 HPLC 测定中流动相使用前必须经过滤膜过滤和超声脱气。

(3)采用外标法测定含量,在样品处理中应严格定量操作。

(4)HPLC 测定完毕后,必须用水冲洗系统 30 min 以上,然后用甲醇冲洗。更换流动相时必须先停泵,待压力降至零时,将滤头提出液面,置于另一流动相溶液中。

(5)对照品溶液与样品溶液必须分别进样 3 次,取平均峰面积进行计算。

（6）为获得高的精密度,进样量必须大于定量环的容积。

（7）不能在高温下长时间使用硅胶键合相色谱柱。

## 六、思考题

（1）采用外标法测定药物含量时应注意什么问题? 怎样避免进样不准确?

（2）高效液相色谱法常用的测定药物含量的方法有哪些?

# 实验五 氯霉素滴眼液的含量测定

## 一、目的要求

（1）掌握高效液相色谱法的基本原理。

（2）掌握高效液相色谱仪的结构及正确使用方法。

（3）掌握外标法测定药物组分的含量。

## 二、实验原理

氯霉素滴眼液用于治疗由大肠杆菌、流感嗜血杆菌、克雷伯菌属、金黄色葡萄球菌、溶血性链球菌和其他敏感菌所致的眼部感染，如沙眼、结膜炎、角膜炎、眼睑缘炎等。其为无色或几乎无色的澄明液体，主要成分为氯霉素，辅料为硼酸、硼砂、氯化钠、防腐剂等。本品含氯霉素（$C_{11}H_{12}Cl_2N_2O_5$）应为标示量的 90.0 % ~120.0%。

外标法又称为校正法或定量进样法，要求能准确地定量进样。先配制一定浓度的标准品及样品溶液，然后在相同条件下分别注入色谱仪，测量标准品及样品的峰面积，根据下式计算样品中待测组分的浓度。

$$c_{样品} = \frac{A_{样品}}{A_{对照品}} \times c_{对照品}$$

## 三、仪器与材料

### 1. 仪器

高效液相色谱仪、C18 柱、紫外检测器、25 mL 的容量瓶。

### 2. 材料

氯霉素滴眼液、氯霉素标准品、甲醇。

## 四、实验方法与步骤

### 1. 实验条件

固定相：十八烷基硅烷键合硅胶。检测器：紫外检测器。流动相：甲醇、水（70∶30）。柱温：室温。流速：1 mL/min。检测波长：272 nm。

### 2. 对照品溶液的制备

取适量氯霉素标准品，精确称定，用 0.5 mL 甲醇溶解，用流动相稀释成 1 mL 中约含 0.10 mg 氯霉素的对照品溶液（取氯霉素标准品约 2.5 mg，用流动相稀释至 25.0 mL）。

### 3. 供试品溶液的制备

称取适量氯霉素滴眼液置于 25 mL 的容量瓶中，用流动相稀释成 1 mL 中含 0.10 mg

氯霉素的溶液(吸取 1.0 mL 氯霉素滴眼液,用流动相稀释至 25.0 mL,配制成滴眼液的稀释溶液),过滤,续滤液即为供试品溶液。

### 4. 含量测定

用清洗溶剂清洗微量进样针 3 次,用待测溶液润洗进样针 3 次,吸取约 20 μL 待测溶液,进样,记录 5 min,得色谱图。

$$氯霉素标示量 = \frac{A_{样品} \times c_{对照品} \times D}{A_{对照品} \times B} \times 100\%$$

式中:$A_{样品}$ 为样品的峰面积;$A_{对照品}$ 为对照品的峰面积;$D$ 为稀释倍数,此处为 25 倍;$B$ 为标示量,2.5 mg/mL。

## 五、注意事项

(1)流动相使用之前必须经过过滤和超声脱气。

(2)在实验过程中,样品处理应严格定量操作。

(3)对照品溶液与样品溶液必须分别进样 3 次,取平均峰面积进行计算。

## 六、思考题

(1)内标法、外标法定量的原理、方法及特点分别是什么?

(2)怎样选择流动相? 在流动相中水起什么作用?

# 实验六　气相色谱法测定维生素 E 片剂的含量

## 一、目的要求

（1）掌握气相色谱仪的基本构成和工作原理。

（2）掌握色谱的基本操作和气相色谱在药物分析中的应用。

## 二、实验原理

色谱法最初是一种有效的分离方法,它利用不同物质在流动相和固定相之间的分配系数不同实现混合物中各组分的分离。气相色谱法采用气体作流动相,对流经装有填充剂的色谱柱的气体物质或可以在一定温度下转化为气体的物质进行分离和分析。由于性质不同,物质中的各组分在流动相和固定相间的分配系数不同,当汽化后的物质被载气带入色谱柱中时,组分就在两相之间多次分配。由于固定相对各组分的吸附和溶解能力不同,虽然载气流速相同,但是各组分在色谱柱中产生差速迁移,经过一定时间,按顺序离开色谱柱进入检测器,产生的信号经放大后在记录器上绘出色谱图,根据出峰位置确定组分的名称,根据峰面积在总峰面积中的比例确定峰对应的组分的浓度。

维生素 E 为( ± )-2, 5, 7, 8- 四甲基 -2-( 4', 8', 12'- 三甲基十三烷基 )-6- 苯并二氢吡喃醇醋酸酯。本品含维生素 E( $C_{31}H_{52}O_3$ )应为标示量的 90%~110%。

《中华人民共和国药典》对气相色谱分析测定制定了规则(《中华人民共和国药典》2015 版通则 0521 ),例如,除有相关规定外,载气为氮气;一般用火焰离子化检测器,以氢气为燃料,以空气为助燃气;进样口温度应高于柱温 35~50 ℃;进样量一般不超过数微升;柱径越小进样量越少;检测温度一般高于柱温,并不得低于 100 ℃,以免水汽凝结,通常为 250~350 ℃。一般色谱图约于 30 min 内记录完毕。在测定前应进行系统适用性实验。用规定的对照品对仪器进行实验和调整,应达到规定要求或规定分析状态下色谱柱的最小理论板数、分离度、重复性和拖尾因子。定量测定时,可根据供试品的具体情况采用峰面积法或峰高法。本实验采用《中华人民共和国药典》2015 版维生素 E 含量测定项下的方法进行。

## 三、仪器与材料

### 1. 仪器

气相色谱仪、OV-17 大口径毛细管色谱柱、10 mL 的棕色容量瓶、10 mL 的移液管。

### 2. 材料

维生素 E 对照品、维生素 E 片剂、正三十二烷、正己烷。

## 四、实验方法与步骤

### 1. 内标溶液的配制

取适量正三十二烷,加正己烷溶解稀释成 1 mL 中含 1.0 mg 维生素 E 的溶液,作为内标溶液。

### 2. 对照品溶液的配制

取维生素 E 对照品约 20 mg,称定并置于棕色具塞瓶中,加 10 mL 内标溶液,密闭后振摇使其完全溶解,即得。

### 3. 供试品溶液的配制

取 10 片维生素 E 片剂,精确称定,研细,称取适量(约相当于 20 mg 维生素 E),置于棕色具塞瓶中,加 10 mL 内标溶液,振摇使其溶解形成均一的溶液,静置。

### 4. 色谱条件

以硅酮(OV-17)为固定相,涂布浓度为 2%,载气为氮气,采用氢火焰离子化检测器,柱温为 265 ℃。理论板数按维生素 E 峰计算不低于 500,维生素 E 峰与内标物质峰的分离度应大于 2。

### 5. 校正因子的测定

取 1~3 μL 对照品溶液注入气相色谱仪,计算校正因子。

### 6. 含量的测定

取 1~3 μL 供试品溶液注入气相色谱仪,测定,照内标法计算含量。

## 五、注意事项

(1)仪器基线平稳后,仪器上的所有旋钮、按键都不得乱动,以免改变色谱条件。

(2)定量吸取样品,注射器中不应有气泡。

(3)计算理论塔板数及分离度时, $t_R$ 与 $W_{1/2}$ 的单位要一致,将距离单位换算成时间单位: $W_{1/2}$,mm;纸速,mm/min。

## 六、思考题

(1)气相色谱定量的方法有哪几种? 内标法有何特点?

(2)如何利用有关数据计算色谱柱的理论塔板数、分离度和校正因子? 如何判断系统适用性实验是否符合规定要求。

# 参考文献

[1] 国家药典委员会. 中华人民共和国药典 [M]. 北京:中国医药科技出版社,2015.

[2] 李淑芬,白鹏. 制药分离工程 [M]. 北京:化学工业出版社,2014.

[3] 孙铁民. 药物化学实验 [M]. 北京:中国医药科技出版社,2008.

[4] 尤启冬. 药物化学实验与指导 [M]. 北京:中国医药工业出版社,2000.

[5] 崔福德. 药剂学实验指导 [M]. 北京:人民卫生出版社,2011.

[6] 朱盛山. 药物制剂工程 [M]. 北京:化学工业出版社,2009.

[7] 方亮. 药剂学 [M]. 北京:人民卫生出版社,2016.

[8] 裴月湖. 天然药物化学实验指导 [M]. 北京:人民卫生出版社,2016.

[9] 杭太俊. 药物分析 [M]. 北京:人民卫生出版社,2016.

[10] 孙立新. 药物分析实验 [M]. 北京:中国医药科技出版社,2012.

[11] 常宏宏. 制药工程专业实验 [M]. 北京:化学工业出版社,2014.

[12] 杨翠芬,章缊毅,杨蓓,等. 吲哚美辛衍生物的合成及其抗炎活性 [J]. 中国新药杂志,2004,13(9):818-820.

[13] 宋航. 制药工程专业实验 [M]. 北京:化学工业出版社,2010.

[14] 林强,张大力,张元. 制药工程专业基础实验 [M]. 北京:化学工业出版社,2011.

[15] 蔡照胜,刘红霞,吴静,等. 制药工程专业实验 [M]. 上海:华东理工大学出版社,2015.

[16] 于广华,毛小明. 药物制剂技术 [M]. 北京:化学工业出版社,2012.

[17] 乔永锋,夏丽娟,高妹. 乙酰水杨酸合成方法改进 [J]. 云南民族大学学报(自然科学版),2008,17(3):244-245.

[18] 杨云,张晶,陈玉婷. 天然药物化学成分提取分离手册 [M]. 北京:中国中医药出版社,2003.

[19] 孟江平,张进,徐强. 制药工程专业实验 [M]. 北京:化学工业出版社,2015.

[20] 吴洁. 制药工程基础与专业实验 [M]. 南京:南京大学出版社,2014.